André Morys

Conversion-Optimierung

André Morys

# Conversion-Optimierung

## Praxismethoden für mehr Markterfolg im Web

entwickler.press

André Morys
Conversion-Optimierung
ISBN: 978-3-86802-066-3

© 2011 entwickler.press
Ein Imprint der Software & Support Media GmbH

Bibliografische Information Der Deutschen Bibliothek
Die Deutsche Bibliothek verzeichnet diese Publikation in der Deutschen
Nationalbibliografie; detaillierte bibliografische Daten sind im Internet
über http://dnb.ddb.de abrufbar.

Ihr Kontakt zum Verlag und Lektorat:
Software & Support Media GmbH
entwickler.press
Geleitsstr. 14
60599 Frankfurt am Main
Tel.: +49 (0)69 630089-0
Fax: +49 (0)69 930089-89
lektorat@entwickler-press.de
http://www.entwickler-press.de

Projektleitung: Sebastian Burkart
Lektorat und Korrektorat: Katharina Klassen
Satz: Dominique Kalbassi
Belichtung, Druck & Bindung: M.P. Media-Print Informationstechnologie
GmbH, Paderborn

# Inhaltsverzeichnis

# Vorwort

*von Prof. Dr. Mario Fischer*

Wir müssen lernen, den Besucher im Web besser zu verstehen. Noch zu viele Websitebetreiber tappen regelmäßig im Dunkeln und wissen nicht, was genau auf ihren Seiten los ist, warum sich Menschen von Seite 32 zu Seite 21 bewegen, warum sie mitten im Kaufprozess abbrechen oder warum sie letztlich überhaupt bei uns und nicht bei einem Mitbewerber kaufen. Natürlich kann man mit ausgefuchster Tracking-Software herausbekommen, wie die Besucherströme laufen und wo jemand aus der Website aussteigt. Das Warum bleibt uns stets verborgen. Diese wichtige und eigentlich alles entscheidende Frage beantwortet auch die beste Analytics-Lösung nicht.

Aber fangen wir von vorne an, das heißt in der Höhlenzeit. Seit Jahrmillionen bevölkert der Mensch die Erde und über diese vielen Millionen Jahre hat sich sein Gehirn langsam, sehr langsam weiterentwickelt. Erst die letzten paar Jahrhunderte, im Vergleich lächerlich wenig, gibt es so etwas wie eine gesellschaftlich orientierte Zivilisation. Echte technische Errungenschaften, die unser Leben erleichtern, gibt es erst seit den letzten Jahrzehnten. Es ist daher nicht schwer zu verstehen, dass sich unser Gehirn noch nicht auf diese modernen Dinge eingestellt haben kann. Es funktioniert im Prinzip noch immer wie bei den Steinzeitmenschen. Und so verwundert es auch nicht, dass man bei einem Blick in die Labore der modernen Hirnforschung verblüfft feststellt, dass vieles vom dem, was wir als unseren freien Willen bezeichnen, nur Reaktionen auf vorgeprägte Muster sind. Unser Bewusstsein lässt diese Dinge freilich nicht an uns heran. Wer mag sich schon als Maschine sehen, die größtenteils über Millionen von Jahren als gut befundene Handlungen abspult.

Was sich bewegt, kann dich fressen – genau so dachte und denkt noch immer der Mensch. Daher nehmen wir Bewegungen im Randbereich des zentralen Sichtfeldes besonders gut war, sehen dafür in diesen Bereichen aber sehr unscharf. Heutzutage lauern natürlich nicht an jeder Ecke böse Menschen mit Messern auf uns. Auch die Kellner in Restaurants stechen selten von hinten im Vorbeigehen auf den ahnungslosen Gast ein. Trotzdem fühlen wir uns irgendwie wohler, wenn wir im Restaurant mit dem Rücken zur Wand sitzen. Und blinkende Flächen (zum Beispiel Banner) am Rand von Textblöcken, die wir lesen möchten, erschweren uns die Konzentration. Da bewegt sich was. Ganz tief im Inneren unseres Gehirns sind da eben noch immer die Warnungen. Im Supermarktregal greifen wir in der Regel lieber zu bekannter Markenware. Das vermittelt uns eine gewisse Sicherheit. Warum fühlen wir uns „sicherer" etwas zu kaufen, dessen Verpackung aus der Werbung bekannte Farbschemata hat oder eben ein Logo oder einen Markennamen, den wir schon soundso oft gesehen oder gehört haben? Warum mögen wir lächelnde Gesichter lieber? Warum hat es eine ganz besondere, praktisch entwaffnende Wirkung, wenn ein zunächst fremdes Gegenüber während eines Blickkontaktes den Kopf schräg hält? Hier laufen überall in unserem Kopf Muster ab. Im letzten Beispiel offenbart uns jemand eine sehr verletzliche Körperregion: Die Halsschlagader. Das ist bei Tieren eine bekannte Unterwerfungsgeste, die Streit beendet und das unterlegene Tier vor größerem Schaden bewahrt. Auch wir Menschen reagieren noch immer auf dieses Signal.

Was hat das alles mit der Gestaltung von Websites zu tun? Ganz einfach. Wer weiß, auf was Menschen positiv oder negativ reagieren, weil sie gar nicht anders können, hat eindeutige Vorteile bei seiner Überzeugungsarbeit. Eine gute Verkäuferin oder ein guter Verkäufer spürt emotionale Wirkungen beim potenziellen Kunden intuitiv oder eignet sich das Wissen in Trainings an. Dem adrett und freundlich wirkenden Ladenbesitzer glauben wir, ohne zu wissen warum, mehr von dem, was er sagt. Bleibt hier die Frage, wie Webseiten gestaltet werden können oder müssen, um diese Aufgabe ersatzweise zu übernehmen. Was erzeugt Vertrauen beim Betrachter, wie reagiert er emotional auf einen bestimmten Satz oder ein Bild? Was erleichtert ihm die Orientierung? Wie kann man ihn zum Kaufen stimulieren?

André Morys hat sich mit seinem Buch aufgemacht, all diese Dinge systematisch zu strukturieren und verständlich zu erklären. Damit erhält der Leser ein Framework, eine Art Denkrahmen, für die Entwicklung oder das Redesign von Websites. Es bleibt durch das nun tiefere Verständnis nicht mehr dem Zufall überlassen, ob und wie ein Satz formuliert wird. Und ebenso wenig wie ein Produkt fotografiert oder beispielsweise die Navigation zu gestalten ist. Morys verlässt dabei nie den Pfad verständlicher Erklärungen und zeigt mit vielen Praxisbeispielen, dass er genau weiß, worüber er schreibt. Sein Buch ist eine Bereicherung für jeden, der sich professionell mit Websites auseinandersetzt, ob er oder sie nun direkt im Web verkaufen möchte oder ob es dabei „nur" um die Anbahnung von Erstkontakten geht. Es ist exakt wie im richtigen Leben: Wer weiß, wie Menschen ticken und auf bestimmte Stimuli reagieren, tut sich sehr viel leichter. Und was für das reale Miteinander funktioniert, lässt sich übertragen ganz genauso auf die Gestaltung von virtuellen Läden und Schaukästen anwenden. André Morys gibt genau hierfür konkrete Hinweise und direkt umsetzbare Anleitungen und nimmt uns damit jedwede Entschuldigung für niedrige Konversionsraten. Wer nach der aufmerksamen Lektüre seines Fachbuchs noch immer nicht weiß, warum das Geldverdienen via Web noch nicht so richtig klappt und was er dagegen tun kann, dem ist wohl nicht mehr zu helfen.

Mario Fischer

# Einleitung

In den letzten Jahren ist es kompliziert geworden. Medienwandel. Soziale Mechanismen. Preistransparenz. Der Kunde hat die Autorität. CPC lassen sich kaum noch skalieren. Die Komplexität steigt. Investitionen werden immer aufwändiger. Neue Onlinekäufer gibt es immer weniger. Organisches Internetwachstum sinkt. Deckeneffekte. Wo kann man noch skalieren? Früher war alles einfacher.

Auf einmal erklimmt ein Begriff die Spitze der Buzzword-Pyramide, ein Begriff, dessen Anziehungskraft auf einem impliziten und beinahe banalen Instant-Profit-Versprechen beruht: Conversion-Optimierung. Hurra! Genau das, was wir in dieser Zeit brauchen, oder? Sehr schnell erkennen viele die Bedeutung des Begriffs. Google gießt im Jahr 2007 Öl in die Flammen des noch jungen Hypes und startet den kostenlosen Service Google Website Optimizer. Alle können nun einfach und vor allem kostenlos Seiten verändern und den Conversion-Effekt der Veränderung messen. A/B-Testing hat seinen Durchbruch und befeuert die Conversion-Anhänger mit ungeahnten Möglichkeiten. Es dauert nicht lange, und auf einmal ist alles Conversion-Optimierung: Bessere Suchergebnisse senken die Abbruchquote, eine höhere Intelligenz bei Empfehlungen steigert die Verkaufszahlen, auf die Kundenpräferenz abgestimmte Anzeigen treiben die Klickraten in die Höhe. Und die gute alte Usability-Optimierung funktioniert auch noch. Doch zurück zum Thema Testing. Diese Idee kristallisiert sich als der Renner der Conversion-Optimierung heraus, denn das Prinzip ist einfach: Wer zwei unterschiedliche Varianten einer Seite gegeneinander testet, wird ganz leicht herausfinden, welche die bessere ist. Testing für sich alleine genommen ist zwar ein wichtiger Baustein im Optimierungsprozess einer Website oder eines Onlineshops, es ist jedoch nicht die zentrale Stelle, die über den Erfolg oder Misserfolg der Optimierung entscheidet.

Rund um den Conversion-Hype schwimmen neben Testing viele andere Technologiethemen mit: Behavioral Targeting, Recommendation Engines, Webanalyse. In kürzester Zeit ist die Welt der Conversion-Optimierung kompliziert und unübersichtlich geworden. Im Gewimmel der Tools und Theorien drängt sich eine Frage auf: Was ist der eigentliche Kern der Conversion-Optimierung? Was sind die wesentlichen Erfolgsfaktoren? Wo liegt der Unterschied zwischen einer Seite mit zwei Prozent und einer anderen mit 20 Prozent Konversionsrate? Hat die bessere Seite einfach nur den besseren Traffic?

Ich möchte in diesem Buch eine andere Sichtweise anbieten. Conversion-Optimierung ist Profitmaximierung. Die betriebswirtschaftlichen Effekte der Conversion-Optimierung machen das Thema so reizvoll. Die Konversionsrate ist letztlich „nur" eine einfache Kennzahl, die jedoch sehr stark mit dem Deckungsbeitrag einer Website oder eines Onlineshops korreliert. Hinter dem Begriff steht die Idee, aus einer gegebenen Anzahl von Besuchern (Traffic) mehr Aktionen (Käufe, Leads, Registrierungen etc.) heraus zu holen. Der Wert dieser Aktionen ist ein wichtiger Multiplikator bei der Skalierung digitaler Wertschöpfungsketten.

Conversion-Optimierung ist als Begriff wie gesagt „nur" ein Platzhalter für Profitmaximierung und Skalierung. Stellvertretend für die Konversionsrate (und meist betriebswirtschaftlich bedeutsamer) können Werte wie Umsatz, Deckungsbeitrag oder Kundenwert verwendet werden. Nach dem Prinzip einer Kausalität ist dabei die Konversionsrate kein verlässlicher Indikator für den Profit. Websitebetreiber können auch bei hoher Konversionsrate Verlust machen, wiederum andere Betreiber schaffen es trotz geringer Konversionsrate, Gewinne zu erwirtschaften. Für jeden einzelnen Anbieter gilt jedoch: doppelte Konversionsrate = doppelter Umsatz, und das bei gleichen Kosten.

Wenn die Aktionen der Nutzer das betriebswirtschaftliche Ergebnis derart drastisch steuern, ist die Kernfrage hinsichtlich der Conversion-Optimierung, wie sich die Handlungen von Nutzern steuern lassen. Wie lässt sich herausfinden, warum 97 Prozent der Nutzer nicht kaufen, klicken oder sich anmelden? Nutzermotivation = Konversion = Profit. Die Beantwortung dieser Fragen fällt unter einem anderen Blickwinkel leichter. Die dazu passende Frage lautet: Was verändert im Sinne von Ursache und Wirkung überhaupt die Konversion? Richtig, es sind die Nutzer, die die gewünschte Aktion durchführen (oder eben nicht). Es geht also um die Motivation der Nutzer, eine bestimmte Handlung durchzuführen.

Dieses Buch zeigt anhand eines konkreten Modells, aus welchen Faktoren sich die Handlungsbereitschaft von Nutzern im zeitlichen Verlauf zusammensetzt. Wer die Motivation von Nutzern verändern will, muss das System verstehen, sonst wird Testing zum Ausprobieren. Designer, Programmierer, Konzepersteller, Manager und jede Form von Website- oder Shopverantwortlichen, sie alle brauchen verlässliche Leitplanken, Heuristiken und Regelwerke, um zu verstehen, welche Auswirkungen ihre Seiten auf die Motivation der Nutzer haben. Um objektiv zu bleiben, braucht es daher ein System, das die Leitplanken definiert, ein so genanntes Conversion-Framework. In diesem Buch präsentiere ich das Conversion-Framework „Die sieben Ebenen der Konversion" im Detail. Das Modell zeigt konkrete Stellschrauben und eignet sich als Framework für Prozesse zur Conversion-Optimierung. Neben dem Modell werden zahlreiche Praxisbeispiele und Checklisten zur Analyse und Optimierung von Onlineshops und Webseiten aufgezeigt. Außerdem wird ein konkreter Handlungsrahmen zur Analyse und zur Ableitung von Hypothesen und Optimierungsideen für Tests geliefert.

Das vorliegende Buch beinhaltet keine Anleitungen zur Installation eines Webanalysesystems, keine Antworten auf die Frage, welche Farbe der optimale Kaufbutton hat und ebenso keine Details zum Thema Testing und Statistik. Zu diesen Bereichen gibt es bereits genügend Informationen in anderen Büchern. In diesem Buch geht es um die Faktoren, die die Kaufentscheidung beeinflussen. Es geht um die Frage, die richtigen Hebel für die Conversion-Optimierung zu identifizieren und Lösungen zu finden, die maximale Uplifts bringen.

# 1 Grundlagen

## 1.1 Die Konversionsrate als Skalierungsfaktor

Die Optimierung der Ertragssituation ist eine betriebswirtschaftliche Notwendigkeit, solange Profit das primäre Ziel eines Unternehmens ist. Das stetige Zurückgehen des organischen Wachstums im Internet lässt den Conversion-Hype explodieren, schließlich können sich Portalbetreiber und Onlinehändler nicht mehr auf dem explosionsartigen Wachstum der Märkte aufgrund des Internetwachstums ausruhen. Waren die ersten Erfolge mit Webmarketing kaum zu vermeiden gewesen, so sind heute die meisten Kampagnen derart ausgeschöpft, dass eine profitable Skalierung kaum noch möglich ist. Der Long Tail ist in der Regel schon von 20 anderen Wettbewerbern ausgeschöpft und eine Vervielfachung der Umsätze durch ein wenig „an der Kampagne drehen" kaum noch möglich. Wir sind in einer Phase angekommen, in der echte betriebswirtschaftliche Skalierung und Profitsteigerung nur noch mit anderen Mitteln zu erreichen sind.

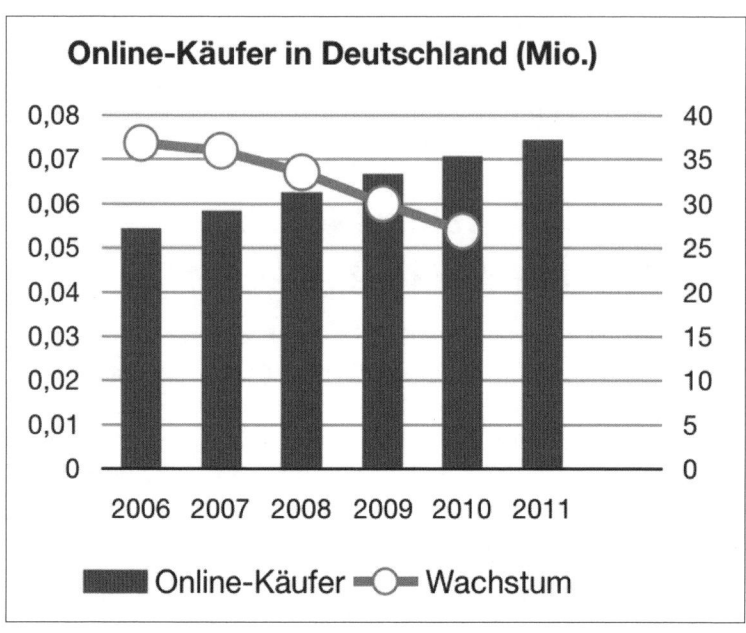

**Abbildung 1.1:** Der Anteil der Onlinekäufer ist mit 77 Prozent beinahe gesättigt. Die Wachstumsraten sind seit 2006 rückläufig[1]

Conversion-Optimierung vereint als Begriff alle Bemühungen, den Geschäftserfolg zu skalieren, in dem die bestehende Reichweite besser ausgeschöpft wird. Warum ist das wichtig? Nach den ersten Gehversuchen in den 90er Jahren des letzten Jahrtausends hat ein explosionsartiges Wachstum stattgefunden. E-Commerce war in den letzten zehn Jahren geprägt von den Rahmenfaktoren eines Wachstumsmarkts, immer mehr Unternehmen beschäftigten sich damit, ihre Geschäftsmodelle durch immer mehr Traffic zu skalieren. In den letzten Jahren wurde der Long Tail zur weiteren Skalierung entdeckt. Erst allmählich nimmt dieses organische Wachstum ab: Laut emarketer.com sinken

---

1   Quelle: emarketer.com

**entwickler.press**

die Wachstumsraten derzeit jährlich um 40 Prozent, die Kurve flacht ab. Alle ihre Wettbewerber sind auch schon auf die Idee gekommen, den Long Tail abzugrasen, eine Skalierung der Wertschöpfung über reines Wachstum kommt langsam an ihre Grenzen. Die Konversionsrate hat sich im Schatten des Traffic-Wachstums zum strategischen Wettbewerbsfaktor gemausert. Sie beschreibt schließlich, wie effektiv ein Portal, ein Onlineshop oder eine Website ihre Nutzer zur Handlung bewegen kann. Und von diesen Aktionen lebt die Wertschöpfung eines Unternehmens. Neben sämtlichen technischen Hilfsmitteln, um das Verhalten des Nutzers zur Wunschaktion zu vereinfachen, zielt die Conversion-Optimierung stets darauf ab, das Verhalten des Nutzers in Richtung der gewünschten Aktion zu verändern.

Im Kern steht also ein Gedanke: Nutzer zur Aktion bewegen. Dieser Kern vereint alle Sichtweisen und Disziplinen, die sich rund um den Begriff „CRO" versammeln. Wollen wir also über CRO in seiner „reinen Form" sprechen, dann müssen wir darüber sprechen, warum Menschen handeln, wie sie sich entscheiden und vor allem warum sie sich in 97 Prozent der Fälle „dagegen" entscheiden (die 97 Prozent stehen für die durchschnittliche Abbruchquote aller Onlineshops. Sie werden dieser Zahl und ihrem Gegenstück, den durchschnittlichen drei Prozent Konversionsrate, noch häufiger begegnen. Sie ist das Resultat der Studie „Konversionsraten deutscher Onlineshops"[2], die ich Anfang 2009 bei iBusiness.de veröffentlicht habe).

Worum geht es also? Es geht um die 97 Prozent, die nicht kaufen oder klicken. Diese Zahl kennen Sie als kleine blaue (grüne, rote oder schwarze) Kurve in Ihrem Webanalysesystem. Die Kurve steht im Sinne von Ursache und Wirkung für die messbare Auswirkung des eigentlichen Problems: 97 Prozent Abbruchquote sind 97 Prozent aller Menschen, die sich dazu entscheiden nicht zu kaufen, zu klicken etc. Egal, welche Technologien oder Maßnahmen Sie bereits einsetzen, um die 97 Prozent

---

2    http://www.ibusiness.de/shop/db/ib_shop.780388bma.html

zu bekämpfen, es geht immer darum zu erfahren, warum 97 Prozent abbrechen. War das Suchergebnis nicht gut? Hat ihnen das Design nicht gefallen? Haben sie wirklich den Button nicht gefunden? Wie gut kennen Sie die Abbruchgründe wirklich? Eine der größten Herausforderungen des Distanzhandels ist die Distanz. Der Betreiber des Onlineshops oder einer Website kann seine Kunden nicht persönlich kennenlernen und befragen. Er kann sich nicht wie ein guter Verkäufer im echten Ladengeschäft oder im Büro blitzschnell auf seinen Kunden als Gegenüber, seine Wünsche und Erwartungen einstellen. Aber er kann verschiedene Techniken ausprobieren und deren Erfolg messen. Er kann ausprobieren, was wirklich funktioniert. Er kann testen, welche Verbesserung den größten Effekt hat. Aber wo fängt man am besten an?

## 1.2    97 Prozent sind gegen Sie

Wir sind bei den Kernproblemen der digitalen Wertschöpfung angekommen:

1. 97 Prozent der Besucher brechen ab (im Durchschnitt)

2. Wir wissen nicht warum (und wir können es auch nicht messen)

Üblicherweise kommen auf Frage Nummer eins Antworten wie „die meisten Nutzer wollten sowieso nicht kaufen" oder „sie kommen später wieder". Aber wer weiß das schon so genau? Die Komplexität des Themas und die Vielfalt der Technologien führen zu einer gefühlt hohen Komplexität und oft vorschnellen Rückschlüssen.

Stellen wir uns vor, ein Kunde sei 50 Euro Wert (Customer Lifetime Value). Sie gewinnen pro Monat 1 000 Kunden. Das sind 50 000 Euro Kundenwert, den Sie im Sinne der digitalen Wertschöpfung jeden Monat als Wert schaffen. Toll.

Aber: den 1 000 gewonnenen Kunden stehen bei einer Konversionsrate von drei Prozent mehr als 30 000 Nichtkunden gegenüber. Was ist mit denen passiert? Haben die ihre Wünsche begraben, ihre Handlung gestoppt? Kommen sie einfach nur später wieder? Oder sind sie zu irgendeinem ihrer Wettbewerber übergelaufen? 30 000 Nichtkunden à 50 Euro stellen einen Kundenwert von 1 500 000 Euro dar. 30 000 Menschen sind nur eine kleine blaue Linie im Webanalysesystem. Es sind 30 000 Menschen, die sich gegen Ihr Produkt, Ihr Portal, Ihr Angebot, also gegen Sie und im schlimmsten Fall für Ihren Wettbewerber entschieden haben. 30 000 Nichtkunden sind ein Potenzial von 1,5 Millionen Euro Kundenwert pro Monat (setzen Sie bei Bedarf einfach die Zahl ein, die für Ihr Unternehmen besser passt). Das sind 18 Millionen Euro im Jahr. Angesichts sinkender Wachstumsraten und immer skeptischer werdender Kunden wird sich Ihre Konversionsrate auch nicht von alleine verbessern. Es gilt also, einen Teil des 18-Millionen-Euro-Kuchens zurück zu erobern. Neukundengewinnung wird aufwändiger und teurer, die Loyalität sinkt. Höchste Zeit also, den Kampf an der Konversionsratenfront als strategischen Überlebensfaktor einzustufen.

Sie fragen sich, wie Sie Ihre Konversionsrate erhöhen können? Ein guter Anfang. Gehen Sie der Frage auf den Grund. Was ist die Ursache für ihre Konversionsrate? Welche Antworten brauchen Sie wirklich zur Optimierung? Meine persönliche Lieblingsfrage lautet: Warum entscheiden sich 97 Prozent der Besucher gegen Sie? Und ich frage mich, warum Sie angesichts der 18 Millionen Euro, die Ihnen jedes Jahr durch die Lappen gehen, noch so wenig Zeit und Geld investieren, um herauszufinden, warum diese Menschen wirklich abbrechen. Ich erlebe oft, dass Unternehmen, die im Internet ihr Geld verdienen, ganz einfach argumentieren: „Es rechnet sich doch!", sie meinen damit, dass sie für den Gewinn der 1000 Kunden ein Marketingbudget von 15 000 Euro eingesetzt haben. „Solange sich mit einem Budget von 15 000 Euro ein Kundenwert von 50 000 Euro realisieren lässt, ist doch alles in Ordnung, oder?" Nicht ganz. Kurzfristig gesehen mag das stimmen. Langfristig ist eine geringe Konversionsrate aber eine immense Wachstumsbremse. Aufgrund der Sättigungseffekte im Internet wird in den nächsten Jahren eine hohe Effektivität in der

Kundengewinnung einer der wichtigsten strategischen Wettbewerbsvorteile sein. Etwas später in diesem Buch erkläre ich, mit welchen Mitteln Sie die Einstellung zu diesen Themen in Ihrem Unternehmen voranbringen können und was nötig ist, damit die richtigen strategischen Entscheidungen getroffen werden.

Eine hohe Konversionsrate führt nicht nur gesamtbetriebswirtschaftlich zu einem hohen Deckungsbeitrag, eine Verdopplung der Konversionsrate bedeutet gleichzeitig eine Halbierung der Kosten pro Kundengewinnung (oder pro Bestellung, Registrierung etc.). Eine Halbierung dieser Kosten ermöglicht neue Spielräume bei der Budgetierung und erhöht die Wachstumsgeschwindigkeit eines Unternehmens.

| | Szenario 1 | Szenario 2 | Delta |
|---|---|---|---|
| Visits | 10 000 | 10 000 | |
| Konversionsrate | 3 % | 6 % | |
| Käufer | 300 | 600 | |
| Umsatz | 30 000 | 60 000 | +100 % |
| PPC-Kosten | -5 000 | -5 000 | |
| Wareneinsatz | -20 000 | -40 000 | |
| Transaktionskosten | -1 200 | -2 400 | |
| Deckungsbeitrag II | 3 800 | 12 600 | +332 % |
| Cost per Order | 16 | 8,33 | |

**Tabelle 1.1:** Deckungsbeitragsrechnung

Darüber hinaus gibt es einen weiteren Grund, sich um die Optimierung der Konversionsrate Gedanken zu machen. Ich habe es eingangs schon erwähnt: Obwohl Branchenverbände gerne Zahlen präsentieren, die ein kontinuierliches Wachstum prophezeien, macht es Sinn, sich die Veränderung der Wachstumsraten genauer anzuschauen. Kein Wachstum hält unendlich an und auch das Wachstum im Internet verlangsamt sich kontinuierlich. Waren es noch vor wenigen Jahren über 30 Prozent

Wachstum, die ganz von alleine auf dem Markt zu verzeichnen waren, so sind es derzeit laut emarketer.com nur noch rund 16 Prozent. Andere Zahlen gehen sogar nur noch von sieben Prozent aus. Es ist klar, dass dieses Wachstum je nach Markt, Produkt und Reifegrad unterschiedlich ausfällt. Der Trend und die Entwicklung zeigen jedoch, dass echtes Wachstum über das organische Wachstum hinaus immer wichtiger wird, wenn das Internet zu einem Verdrängungsmarkt wird.

Conversion-Optimierung wird daher zu einem strategischen Aspekt. Maximale Konversionsraten werden schon heute zu einem strategischen Wettbewerbsvorteil für die Unternehmen, die bei Ihren PPC-Geboten deutlich weiter gehen können als schwächere Wettbewerber. Conversion-Optimierung hat das Ziel, die Wettbewerbssituation zu verbessern und der Konkurrenz schneller mehr Kunden weg zu nehmen als sie es umgekehrt schaffen.

# 2 Motivation = Konversion

## 2.1 Ein einfacher Test

Der Test ist ganz einfach und dauert nur wenige Minuten. Die Erkenntnisse jedoch, die Sie dabei gewinnen, können bahnbrechend sein. Der Test funktioniert folgendermaßen:

1. Startseite oder Landing Page in DIN A4 und Farbe ausdrucken

2. Drei bis fünf „Versuchskaninchen" als Teilnehmer für das Experiment finden, zum Beispiel Nachbarn, Schwiegereltern etc., Menschen also, die nicht genau wissen, was auf Ihrer Website steht und wofür sie gedacht ist

3. Ausdruck den Teilnehmern für exakt fünf Sekunden zeigen

4. Fragen stellen, beobachten und lernen

Sie werden als Erstes sehen, dass den Testteilnehmern eine Zeitspanne von nur fünf Sekunden extrem kurz vorkommt. In fünf Sekunden besteht kaum die Möglichkeit, einzelne Elemente der Website wirklich zu lesen und kognitiv zu verarbeiten. Und genau darum geht es bei diesem Fünf-Sekunden-Test. Sie sollen herausfinden, welche Elemente der Website wirken, wie sie wirken, und vor allem wie sie die Motivation, das heißt die Handlungsbereitschaft der Nutzer verändern können. Schließlich ist es das Ziel jeder Seite, Handlungen bei Menschen auszulösen: keine Motivation = keine Handlung = kein Klick = keine Konversion.

## Und so läuft es im Detail ab

1. **Vorbereitung/Briefing** (eine Minute): Wichtig zu Beginn ist, dass Sie den Teilnehmern ein wenig erklären, worum es im Prinzip geht, ohne jedoch zu viele Details zu verraten. Sagen Sie ihnen, Sie haben eine Frage zu einer Website und bitten Sie die Teilnehmer um Hilfe. Sprechen Sie aber nicht an, dass sie den Ausdruck gleich nur für fünf Sekunden zeigen werden. Das würde das Verhalten der Teilnehmer nur unnötig beeinflussen und verändern.

2. **Ausdruck zeigen** (fünf Sekunden): Zeigen Sie den Ausdruck mit den Worten „Schau' dir das mal an!"

3. **Ausdruck wieder wegnehmen** (eine Sekunde): Nach fünf Sekunden drehen Sie das Blatt wieder um oder nehmen den Ausdruck einfach wieder weg. Lassen Sie sich von der Irritation der Teilnehmer nicht stören. Jeder wird darauf bestehen, den Ausdruck länger sehen zu können, die kurze Zeit ist für die meisten ein sehr „unbefriedigendes" Gefühl.

4. **Stellen Sie Fragen** (fünf Minuten): Stellen Sie die folgenden Fragen in der hier vorgegebenen Reihenfolge:

   *1. Worum ging es auf dieser Seite?*

   *2. Wofür ist das, was zu sehen war, gut?*

   *3. Was soll der Nutzer auf der Seite tun?*

Auch wenn es vielen Menschen schwer fallen wird, die Antworten auf alle diese Fragen sofort klar zu formulieren, sollten Sie sich nicht täuschen lassen. Im Kopf der Betrachter gibt es durchaus ein kristallklares Bild dessen, was sie gesehen haben, wie sie es fanden und ob es sie motivieren konnte, etwas zu tun oder eben nicht. Die Hauptaufgabe ist es, durch geschicktes Befragen an diese Informationen heranzukommen. Im „fortgeschrittenen Modus" können sie den Teilnehmern noch zwei weitere, sehr aufschlussreiche Fragen stellen:

*4. Wenn diese Website ein Mensch wäre, wie wäre sein Charakter?*

*5. Was sind mögliche Gründe, diese Website sofort zu verlassen?*

Diese Fragen sind für den einen oder anderen noch schwerer zu beantworten. Sie zielen jedoch darauf ab, dass eine Website in den gleichen Bereichen unseres Gehirns analysiert und bewertet wird die beim Kennenlernen eines Menschen aktiv sind. Vielleicht kennen Sie den Effekt: Manche Menschen sind uns auf Anhieb sympathisch, andere wiederum nicht. Uns ist nicht immer klar, welche Faktoren dafür verantwortlich sind. Meistens wird deutlich, was für den ersten Eindruck verantwortlich ist, wenn wir mit jemand anderem darüber sprechen.

## Mithilfe dieses Tests finden Sie Folgendes heraus

1. **Was kommt an?** Ganz ohne Eye Tracker werden sie erfahren, welche Elemente auf der Website überhaupt im Kopf der Nutzer bleiben. Das hat sehr viel mit der Frage zu tun, welche Elemente überhaupt relevant sind. Irrelevante Dinge passieren nicht unsere Informationsfilter und gelangen nicht ins Gedächtnis.

2. **Was bringt es?** Jede Entscheidung ist das Resultat einer kleinen Kosten-Nutzen-Analyse. Dabei spielen emotionale Faktoren eine große Rolle. Ist der emotionale Nutzen (darauf zielt die Frage „Wofür ist das gut?" ab) nicht klar, können Nutzer auch keine Entscheidung treffen. Anhand der Antworten auf diese Frage können Sie also herausfinden, ob der Nutzen Ihres Angebots überhaupt klar genug transportiert wird.

3. **Was soll ich tun?** Wer nicht weiß, was von ihm erwartet wird, kann auch nicht handeln. Wichtig ist daher, dass den Onlinenutzern klar wird, welche Handlungen von ihnen erwartet und welche Konsequenzen diese Handlungen haben werden. Ohne die Klarheit über diese Informationen entsteht schnell der Eindruck, dass der kognitive Aufwand für eine Handlung zu groß ist, um sie zu rechtfertigen. Das Risiko, dass ein Nutzer nach circa acht Sekunden abbricht,

ist deutlich höher, wenn die Call-to-Action nicht klar wird. Die Antworten auf diese Frage zeigen, ob die Call-to-Action deutlich wird und was getan werden muss, um sie zu verbessern.

4. **Mag ich es?** Wir wissen, wie wichtig implizite Codes bei der Einschätzung des Charakters und der Persönlichkeit einer Sache oder unseres Gegenübers ist. Selbstidentifikation ist eine wichtige Grundlage für die Akzeptanz einer Sache. Über die Antworten auf diese Frage finden Sie heraus, wie die emotionale Wirkung einer Website ist, welche Elemente dafür verantwortlich sind und welche Wirkung potenzielle Kunden im Idealfall erwarten. Jeder kennt Beispiele von Verkäufern, die einem sympathisch oder im Gegenteil sehr unsympathisch waren, und jeder weiß, wie wichtig diese Einschätzung für die Kaufbereitschaft ist.

5. **Sollte ich abbrechen?** Unabhängig von den genannten Aspekten kann es weitere versteckte Conversion-Killer geben, die ein Besucher der Seite in den ersten Sekunden unterbewusst wahrnimmt und die für eine hohe Abbruchquote verantwortlich sind. Mithilfe der Antworten auf diese Frage finden Sie auch die letzten Aspekte heraus, die für die Optimierung nötig sind.

Probieren Sie es aus. Die Durchführung dieses kleinen Tests dauert nur fünf bis sechs Minuten. Die wichtigste Aufgabe ist es, unvoreingenommene Teilnehmer für dieses kleine Experiment zu gewinnen. Belästigen Sie deshalb die Mitmenschen Ihres nahen Umfelds und machen Sie sich auf die Suche nach den „echten" Conversion-Killern auf Ihrer Seite. Dieses Buch wird Ihnen dabei helfen, zukünftig zielsicher herauszufinden, was die Motivation der Besucher Ihrer Website oder Ihres Onlineshop verändert und wie Sie dieses Wissen nutzen können, um die Konversionsrate Ihres Angebots effektiv zu erhöhen.

## 2.2 Motivation = Konversion

Eine Geschichte aus dem wahren Leben: Es ist Samstagmittag, 14.00 Uhr. Ich will mir eine neue Hose kaufen. Der Laden sieht gut aus. Bisher war ich noch nicht in diesem Geschäft. Von außen macht es aber einen guten Eindruck. Ich gehe hinein. Nach wenigen Sekunden werde ich unsicher. Von innen sieht alles nicht mehr so aus, wie ich es erwartet hätte. Überall Werbung, Wühltische, gefühlte zwölf Menschen stehen um mich herum und rufen „Hier entlang!", „Newsletter abonnieren!", „10 Euro Gutschein sichern!", „SALE". Ich werde geradezu angeschrien. Ich weiß nicht, wo ich lang muss, um eine passende Hose zu finden. Ich verlasse den Laden fluchtartig. Haben Sie etwas vergleichbares schon einmal selbst erlebt? Bestimmt nicht in der Realität, aber allzu oft im Internet.

**Abbildung 2.1:** Direkt auf der ersten Seite öffnet sich bei diesem Shop eine große Fläche, die zur Newsletter-Registrierung aufruft

Was ist passiert? Die Handlungen von Menschen sind bestimmt von ihren Motiven. In diesem Fall: Hose kaufen. Je nachdem, wie stark und wie dringend der Wunsch nach einer neuen Hose ist, kann die Motivation (beziehungsweise Handlungsbereitschaft) stärker oder schwächer sein. Wichtig ist: Um das Ziel zu erreichen, ist eine Handlung nötig. Unterschiedliche Handlungsoptionen werden von Menschen permanent bewertet und analysiert, um am Ende die optimale Variante zu identifizieren.

Conversion-Optimierung heißt, das Resultat dieser einfachen Formel zu verbessern, und das kann man auf zwei folgende Arten: a) die Handlung beziehungsweise den damit verbundenen Aufwand minimieren oder b) das Ziel attraktiver machen. Anhand des Beispiels wird deutlich, wie viel das mit der subjektiven Wahrnehmung und Interpretation der Besucher zu tun hat. Abweichungen von der Wunscherwartung des Besuchers führen zu sinkender Motivation. Die Folge: Abbruch, neue Alternative suchen. In der Webanalysesoftware taucht ein neuer Visit auf, der schon auf der ersten Seite wieder endet.

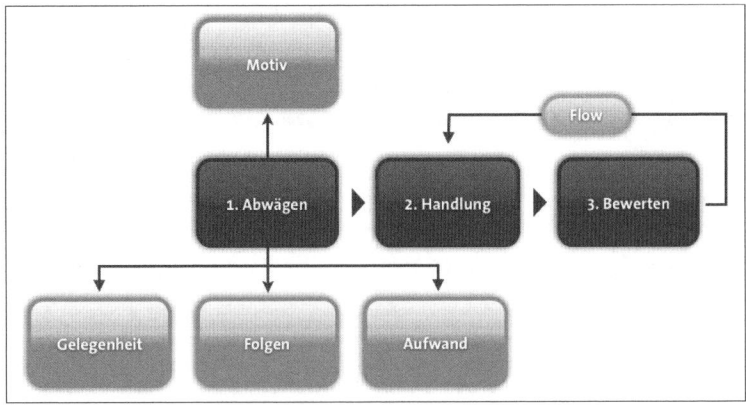

**Abbildung 2.2:** Motivationsmodell in Anlehnung an Heckhausen/Reiss/Vroom

Ein weiteres Beispiel: Samstagmittag, 14.00 Uhr. Diesmal stehen Sie mitten in der Stadt und brauchen Bargeld. Sie wissen, 200 Meter nördlich gibt es einen Geldautomaten, leider nicht von Ihrer Hausbank. Die Gebühren betragen drei Euro. Einen knappen Kilometer weiter befindet sich der Automat Ihrer Hausbank ohne Gebühren. Das sind rund 15 Minuten Fußmarsch. Bei schönem Wetter. Durch den Park. Ein netter Spaziergang. Wie entscheiden Sie sich?

Es zeigt sich: Das Hosenbeispiel war stark vereinfacht, die Realität ist komplexer. Auch wenn die Idee mit der Motivation einfach klingt, es gibt bei der Bewertung der Handlungsoptionen im Kopf der Menschen unzählige Einflussfaktoren, die ineinander greifen und zusammenspielen. Noch schlimmer: Viele Faktoren sind uns nicht bewusst, sie finden auf unterschiedlichen Ebenen statt. Im Falle des Hosenkaufs werde ich mich am Ende für eine Marke entscheiden, mit der ich mich identifizieren kann. Es geht um Anerkennung, Zugehörigkeit, meine Persönlichkeit. Welche Handlungsoption ich am Ende auch nehmen werde, es geht jedenfalls nicht einfach nur um den Preis.

Konversion ist also ein Resultat der Motivation der Besucher. Conversion-Optimierung heißt, dieses System zu verstehen und zu optimieren, egal mit welcher Methode oder Technologie. Dabei begegnet uns ein Modell immer wieder: der Trichter. Das Trichtermodell (engl. funnel) visualisiert, dass mit fortschreitender Handlung immer mehr Besucher den Prozess abbrechen. Eine typische Trichterform entsteht, bei der am Ende aus allen Besuchern meist nur wenige Prozent „konvertiert" sind. Der Trichter zeigt uns die Stellen, an denen die größten Konversionskiller liegen, und ermöglicht eine zielgerichtete Optimierung. Klingt einleuchtend, oder?

## 2.3 Die falsche Farbe kostet 125 Millionen Euro

Ein Fallbeispiel aus meinem beruflichen Alltag demonstriert, warum viele Faktoren, die die Kaufentscheidung der Konsumenten beeinflussen, nicht messbar sind: Ein Vollsortimentversender mit mittlerem dreistelligen Millionenumsatz plante ein Redesign seines Onlineshops. Ich wurde konsultiert, um die Entscheidung für den richtigen Gestaltungsentwurf nicht dem subjektiven Empfinden der Verantwortlichen zu überlassen. Stattdessen sollte anhand der Einschätzung echter Kunden untersucht werden, ob die überarbeiteten Gestaltungsideen die Kaufentscheidungen der Kunden in irgendeiner Form negativ beeinflussen und welcher Entwurf tatsächlich im Sinne der Kunden eine Verbesserung darstellt. Dazu wurden Kunden eingeladen, um an einem Nutzertest teilzunehmen. Die verschiedenen Designs wurden den Kunden präsentiert und die emotionale Wirkung wurde ebenso wie die Kaufpräferenz gemessen. Was einfach klingt, ist in Wirklichkeit ein komplizierter Vorgang, weil Menschen meist „sozial erwünscht" antworten. Auf die Frage „Wie finden Sie diese Gestaltung?" würden die meisten Teilnehmer einer solchen Untersuchung einfach mit „Ja, ganz gut." antworten, völlig unabhängig davon, wie sie das vorgelegte Design tatsächlich finden. Um also an die tieferen und entscheidenden Wahrnehmungs- und Entscheidungsebenen heranzukommen, wurde mit aufwändigen Methoden in der Testkonstruktion gearbeitet. Assoziationstests und Tiefeninterviews dienten der Sicherstellung der Validität der Untersuchung. Nach 14 Tagen lagen uns die Resultate vor. Das erstaunliche Ergebnis: Es gab zwar einen favorisierten Entwurf, dort sorgte eine Farbnuance jedoch dafür, dass die Gestaltung einen teureren Eindruck hinterließ. Im direkten Vergleich schnitt die neue Gestaltung gegenüber den Wettbewerbern aufgrund dieses leider falschen Eindrucks (die Preise wurden nicht verändert) deutlich schlechter ab. Beinahe ein Drittel der Kunden hätten aufgrund dieser Wahrnehmung lieber wo anders bestellt. Das bedeutet ein Drittel weniger Konversion; das wären in diesem Fall rund 125 Millionen Euro fehlender Umsatz im Jahr und im schlimmsten Fall der Todesstoß für viele Unternehmen.

Was lernen wir daraus? Die Ursachen für eine Konsumentenentscheidung lassen sich meist weder durch Messen einer Konversionsrate im Funnel noch durch ein A/B-Testing ermitteln (jedenfalls so lange Sie die Seiten der Wettbewerber nicht in Ihrem Test ebenfalls berücksichtigen). Das Geheimnis erfolgreicher Optimierungen liegt in der Antwort auf die Frage, wie sich Konsumenten entscheiden und vor allem auf Basis welcher Faktoren sie sich entscheiden (und nicht welchen Gestaltungstrend die Award-Winning-Webdesign-Agentur gerade hip findet).

## 2.4 Warum die Idee mit dem Trichter irreführend ist

Solange über Redesigns im Pitch entschieden wird und die Ursache für zu wenig Konversion im Messen des Trichters gesehen wird, ist die Effektivität der Conversion-Optimierung in Gefahr. Aus Sicht eines Onlinehändlers oder Portalbetreibers ist die Darstellung der Besucherströme in Form dieses Trichters völlig naheliegend. Dennoch stellt diese Sichtweise eine ernste Bedrohung unserer Konversionsstrategie dar, die wir erst erkennen, wenn wir erneut den Blickwinkel ändern. Erinnern Sie sich an das Beispiel mit dem Hosenkauf? Als Betreiber eines echten Bekleidungsgeschäfts könnten Sie auch einen typischen Verkaufstrichter konstruieren:

a) Besucher (Sie zählen die Menschen, die durch die Tür gehen)

b) Besucher, die etwas in der Umkleidekabine anprobieren (O.K., das wird schwierig, aber stellen wir es uns vor)

c) Käufer an der Kasse

Es kommt heraus, dass etwa 50 Prozent der Besucher ein Kleidungs-stück in einer der Umkleidekabinen anprobieren. Davon wiederum kaufen nur 20 Prozent auch etwas. Das ergibt eine Gesamtkonversion von 10 Prozent. Bei einer solchen Konversionsrate würden die meisten Onlinehändler spontan vor Freude einen Salto machen. Die meisten Verluste ereignen sich nach der Umkleidekabine, hier ist daher der größte Konversionshebel, richtig? Klingt doch einleuchtend, wo liegt also das Problem? Der Trichter definiert sich an den messbaren Punk-ten. Anhand der Daten lassen sich die größten Verluste identifizieren. In diesem Beispiel: Irgendwo zwischen Umkleidekabine und Kasse muss etwas passiert sein. Wenn nur 20 Prozent der Leute, die etwas anprobieren, zur Kasse gehen, gibt es vielleicht ein Problem mit der Kasse? Wird eine bessere Beschilderung gebraucht?

Das Modell verleitet den Anbieter zu einer stark vereinfachten Sicht-weise auf den Kaufprozess. In Onlineshops führt das zu Hypothesen wie „Wenn nur vier Prozent der Besucher der Produktseite den Artikel in den Warenkorb legen, muss der Button auffälliger gestaltet wer-den". Dabei wird vergessen, wie komplex der Entscheidungsprozess aus Sicht des Kunden wirklich ist und wie viele Einflussfaktoren dafür verantwortlich sind, ob er die Hose kauft oder nicht. Zwischen zwei Schritten eines Funnels liegen nicht nur unzählige kleine Kaufbarrie-ren und innere Dialoge, sondern die Kunden springen auch zwischen den Ebenen hin und her. Manche kaufen einen Artikel ohne Anprobie-ren, andere probieren nach dem Bezahlen noch etwas Neues an, ohne es zu kaufen.

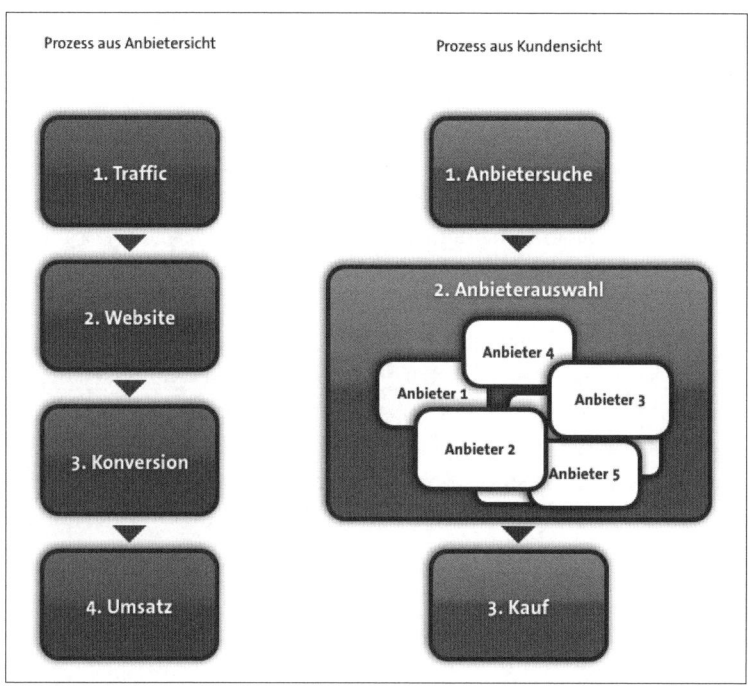

**Abbildung 2.3:** Kaufprozess aus Sicht des Anbieters, Kaufprozess aus Sicht des Käufers

Der konventionelle Trichter vereinfacht also den Entscheidungsprozess zu stark und zeigt uns nicht die Realität, sondern eine KPI-orientierte geglättete Form der Wirklichkeit, die nicht wirklich existiert. Wenn wir die Motivation von Besuchern positiv beeinflussen möchten, müssen wir uns von der linearen Denkweise des Trichters verabschieden. Es gibt keinen Homo Oeconomicus, der roboterartig die verschiedenen Ebenen eines Prozesses durchläuft und bei jedem Schritt genau über eine Sache nachdenkt.

## 2.5 Es geht um gutes Verkaufen

Wenn wir Conversion-Optimierung als Disziplin verstehen möchten, hilft uns erneut der Vergleich mit der realen Welt. Hier reihen sich die Geschäfte in einer guten Einkaufspassage direkt aneinander, Konsumenten gehen vorbei und betrachten die Schaufenster, Schilder und Werbemittel. Sie entscheiden situativ, in welches Geschäft sie gehen, oder sie handeln aufgrund von Erfahrung, weil sie bestimmte Dinge gezielt suchen. Vor allem bei unbekannten Geschäften ergibt sich der erste Eindruck ausschließlich aufgrund des ersten äußeren Eindrucks, Konsumenten bewerten den Namen des Geschäfts, sein Logo, die Schilder, die Außenwirkung, die Einrichtung des Schaufensters, vielleicht können sie einen kleinen Blick in das Geschäft werfen. Aufgrund dieser Informationen treffen Konsumenten innerhalb von Sekunden die Entscheidung, ob sie in das Geschäft hineingehen, ob sie „tiefer einsteigen" oder eben nicht.

Analog dazu ist die Rolle einer Landing Page im Internet zu bewerten. Vielleicht hat ein Suchergebnis oder eine Anzeige den potenziellen Kunden vor das Schaufenster gelockt, die Mechanismen zur Bewertung, ob er tiefer einsteigen wird, sind in der Realität (Schaufenster) und in der Onlinewelt (Startseite / Landing Page) die gleichen. Anhand des realen Ladens wird klar, wie viele unterschiedliche Mechanismen zur Verbesserung der Konversionsrate bestehen würden. Ein besseres Schaufenster? Eine bessere Außenwirkung? Günstigere Preise bei der ausgestellten Ware? Lockangebote, um mehr Kunden in das Geschäft zu bekommen? Attraktivere Warenpräsentationen, ein besserer Grundriss, neue Regale, ansprechendere Beleuchtung? Bessere Beschilderung der Kassen, einfachere Zahlungsarten? Man könnte die Aufzählung noch weiter führen. Eines ist jedoch schon längst klar geworden: Die Stellschrauben zur Optimierung der Verkaufsleistung (nichts anderes beschreibt die Konversionsrate) sind vielschichtig und umfangreich. Unterschiedlichste Disziplinen spielen dabei eine Rolle: Marktforschung, Konsumpsychologie, Ladengestaltung, Innenarchitektur, Schilder und Kundenführung, Kassensysteme etc.; auch hier werden die Parallelen zur Onlinewelt schnell klar.

Angesichts des derzeitigen Booms der Conversion-Optimierung wird dadurch auch klar, warum sich so viele Disziplinen derzeit um eine Verbindung mit der Conversion-Optimierung bemühen. Bei ihrem Kampf um die beste Stellung vergessen sie aber, dass die Conversion-Optimierung keine Disziplin ist. Es ist die Summe aller Fähigkeiten, die benötigt wird, um ein Ziel zu erreichen: nämlich eine höhere Konversionsrate, das heißt eine bessere Verkaufsleistung. Im Zentrum der Conversion-Optimierung stehen Skills im Bereich Verkaufen (Vertrieb oder Sales). Sie werden unterstützt von vielen anderen Disziplinen wie Webanalyse oder Testing.

## 2.6 Conversion-Optimierung ist eine Metadisziplin

Eine weitere Verwechslung wird dadurch schnell klar: Conversion-Optimierung ist nicht Usability. Mich erreichen ständig viele Anfragen mit dem Wortlaut „Wir wollen ein Usability Lab machen, um unsere Conversion zu verbessern". Auch hier gilt, dass die Conversion-Optimierung eine Metadisziplin ist. Usability-Forschung beschäftigt sich mit den funktionalen Aspekten (Gebrauchstauglichkeit), mit der Frage, ob die Bedienung eines Systems vom Nutzer unter anderem als effektiv und effizient wahrgenommen wird. Die Frage, wie gut, schnell oder effizient ein Nutzer das System bedienen kann ist zwar eine wichtige Voraussetzung, um über das System etwas kaufen zu können („Ich muss die Tür des Ladens öffnen können, um dort etwas kaufen zu können"), es ist aber nicht die zentrale Frage der Conversion-Optimierung.

Umgekehrt kann ich mich Fragen: Wenn ich zu wenig verkaufe, liegt es an einem schlecht wirkenden Schaufenster, an einer unattraktiven

Produktpräsentation oder daran, dass die Tür schwer zu bedienen ist? Anhand der Frage wird schnell klar, dass die Frage eher lauten muss „Kann ich die Tür nicht öffnen?" oder „Will ich die Tür nicht öffnen?". Eventuell ist auch niemand vor dem Laden, der die Tür überhaupt öffnen könnte, oder er kann den Laden nicht sehen, weil er (übertragen auf die Onlinewelt) zum Beispiel mit einem Smartphone im Internet unterwegs ist und der Onlineshop dafür nicht optimiert ist.

Um die richtigen Fragen in die richtige Reihenfolge zu bringen, habe ich folgendes Modell entwickelt, das die verschiedenen Ebenen der Konversion und ihre Abhängigkeit in die richtige Reihenfolge bringt:

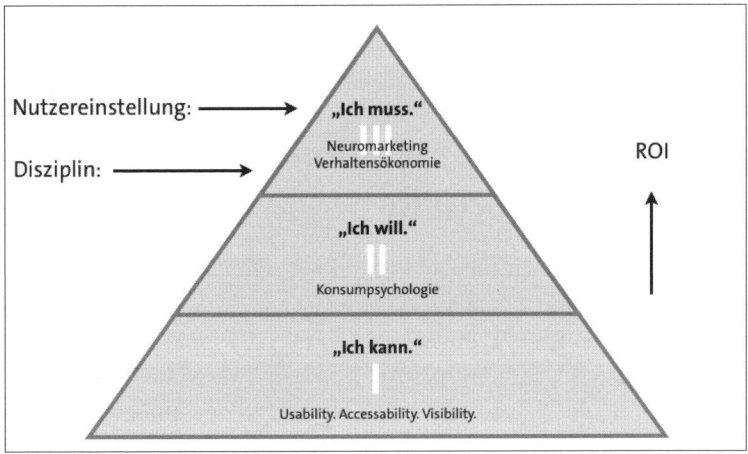

**Abbildung 2.4:** Die ROI-Pyramide zeigt die Abhängigkeiten unterschiedlicher Fragestellungen

„Ich kann kaufen" bezieht sich demnach auf alle Disziplinen, die sich damit beschäftigen, mir den technischen Zugang zu ermöglichen, die Bedienbarkeit erleichtern oder das Angebot überhaupt sichtbar machen, zum Beispiel in Suchmaschinen und in Form der richtigen Oberflächen für alle Technologien. Aufgrund der inzwischen hohen Reifegrade ist in der Regel in dieser Ebene selten ein echtes Conversion-Problem zu finden. Ausgenommen davon sind individuelle Systeme, die von den bereits erlernten Funktions- und Navigationsprinzipien einer Website oder eines Onlineshops abweichen (zum Beispiel die komplexe Reisebuchung in Form unterschiedlicher Pakete, Systeme zur Konfiguration eines PKW etc.; hier sind individuelle Untersuchungen zur Gebrauchstauglichkeit unerlässlich). Bedienbarkeit ist ein so genannter Hygienefaktor. Ohne ihn kommt kein Kauf zu Stande, aber das Erfüllen der Kriterien fördert umgekehrt nicht die Verkaufsleistung. Hygieneprobleme werden erst deutlich, wenn es Defizite gibt.

Spannender wird es in der nächsten Ebene. Alle Disziplinen, die sich darauf konzentrieren, die Kaufmotivation von Konsumenten zu verbessern beziehungsweise die bestehende Motivation besser auszunutzen, um eine Handlung oder Aktion zu erleichtern, fallen in den fachlichen Rahmen der Conversion-Optimierung. Warum kaufen Menschen, warum nicht? Wie wählen sie den passenden Anbieter aus? Mit solchen Fragen beschäftigen sich Wirtschafts- und Konsumpsychologen seit mehr als 40 Jahren. Grundlegende Prinzipien der Verkaufspsychologie haben sich nicht verändert, sie sind viel zu tief in unserem Gehirn verankert, als dass sie ihre Gültigkeit verlieren können.

Beinahe unseriös klingt die oberste Ebene, die Spitze der Pyramide. Was sorgt dafür, dass manche Menschen geradezu zwanghaft eine bestimmte Sache kaufen müssen? Wir kennen solches Verhalten bei Fans bestimmter Bands oder Stars, die schon Monate vor dem Erscheinen eines neuen Albums ihr Exemplar reservieren. Oder die begeisterten Anhänger von Apple-Produkten, die vor dem Verkaufsstart vor den Apple-Stores kampieren, um das Produkt als erster in der Hand zu halten. Rationale Faktoren spielen bei der Kaufentscheidung keine Rolle mehr, ein wirkliches Abwägen findet nicht statt. Sie finden das verrückt? Mir ist bisher noch kein Mensch begegnet, der nicht in irgendeinem Bereich völlig irrationale Kaufentscheidungen trifft, egal, ob bei Mode, Computern oder Autos. Bei beinahe allen Produkten, deren Marke für andere Menschen sichtbar ist, kommt es zu einem entsprechenden Verhalten. Verhaltensökonomen und Neurowissenschaftler sind seit etwa 15 Jahren den Gründen für solches Verhalten auf der Spur.

Wenn wir uns also Fragen, wie wir unsere Produkte besser verkaufen können, rücken die Ebenen zwei und drei stärker in den Fokus der Conversion-Optimierung. Es geht dabei um die Gründe (rational oder irrational), aus denen Konsumenten ihre Entscheidungen treffen.

## 2.7 Wie wir entscheiden

Im Mittelpunkt stehen der Nutzer und seine Entscheidungen. Diesen Paradigmenwechsel können wir auch in der betriebswirtschaftlichen Lehre anhand der modernen Disziplinen Neuromarketing und Verhaltensökonomik beobachten.

Bei aller Komplexität rufen wir uns wieder ins Gedächtnis: Conversion-Optimierung heißt, die Entscheidungen der Nutzer zu unseren Gunsten zu beeinflussen. Wenn wir Entscheidungen beeinflussen möchten, dann müssen wir verstehen, wie Nutzer ihre Entscheidungen treffen. Dieser Aspekt beschäftigt die Menschheit bereits seit Jahrhunderten, wenn nicht seit Jahrtausenden. Entsprechend viele Ideen und Modelle haben sich in den unterschiedlichsten Disziplinen entwickelt. Bei aller Meinungsvielfalt zeichnet sich dabei eine grundlegende Bewegung aufgrund moderner Untersuchungsmethoden ab: Seit der Aufklärung durch die modernen Philosophen im späten Mittelalter glaubte die Menschheit bisher stets an die Kraft des Verstandes und der Rationalität. Entscheidungen sind ein Produkt unseres Geistes, ein Abwägen verschiedener Faktoren führt am Ende zu einer rational zu begründenden Entscheidung. René Descartes steht mit dem Satz „Ich denke, also bin ich." für eine Idee, die den Menschen als geistig reflektiertes Wesen von den Tieren unterscheidet und seine Stellung an der Spitze der Evolution begründet. Mithilfe moderner Verfahren, wie der funktionalen Magnetresonanztomographie (fMRT) wissen wir jedoch inzwischen, welchem Irrtum wir seit Jahrhunderten unterliegen. Selbst geradezu mathematisch sterile Entscheidungen wie „Welche Zahl ist größer? 120 oder 67?" führt das menschliche Gehirn wie es scheint zunächst mit den für die emotionalen Regionen des Unterbewusstseins im Mittelhirn durch. Dieser so genannte Priming-Effekt ist inzwischen messbar.[1] In anderen Versuchen werden die emotionalen Zentren mithilfe magnetischer Bestrahlung deaktiviert. Die Folge: Menschen sind nicht mehr in der Lage, Entscheidungen zu treffen. Es scheint so zu sein, dass das, was uns als rationale Begründung in das Bewusstsein dringt, zuvor vor den älteren und emotionalen Teilen unseres Gehirns „vorentschieden" wird.

Warum ist das wichtig? Allzu oft erlebe ich, wie aufgrund des Glaubens an rationale Entscheidungen Händler am Preis drehen oder Portalbetreiber sich auf funktionale Aspekte konzentrieren. Am Ende entscheidet der Nutzer aufgrund seines Gefühls für oder gegen den Anbieter. Daher müssen wir wissen, wie dieses Gefühl aussieht und vor allem wie es zu Stande kommt.

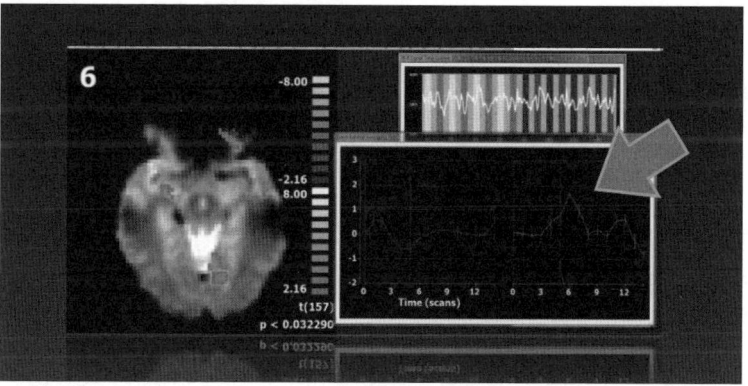

**Abbildung 2.5:** Im fMRT-Scan zeigen sich emotionale Aktivitäten im Kopf der Probanden beim Betrachten der Seite shoeguru.ca

---

1   *http://mindblog.dericbownds.net/2007/06/our-prefrontal-control-system-is.html*

Ähnlich spannend sind die Ansätze der Verhaltensökonomen. In den frühen 1980er Jahren begannen die ersten Wissenschaftler dieser Disziplin, Anomalien im menschlichen Verhalten zu untersuchen, die gegen die bis dato geltende rein wirtschaftliche Sichtweise sprachen. Verhaltensökonomen begannen zu widerlegen, dass es den rein nutzenoptimierenden Entscheider im Sinne des Homo Oeconomicus gibt. Warum gehen Menschen bei ihrem Gebot in Auktionen weiter, als sie ursprünglich wollten? Warum kaufen Menschen das letzte Gerät im Elektromarkt, obwohl es zwei Läden weiter noch ein verfügbares Gerät geben könnte? Warum möchten Menschen stets mehr verdienen als ihre Mitmenschen? Wirtschaftswissenschaftler und Psychologen forschen inzwischen parallel an der Vertiefung unseres Wissens über beinahe „instinktive" menschliche Verhaltensmuster, die inzwischen unter Begriffen wie Verlustaversion, Selbstbestätigung oder Reziprozität bekannt sind. Inzwischen verschwimmen die Grenzen zwischen Konsum- und Sozialpsychologie, Spieltheorie, Verhaltensökonomik und Neurowissenschaften. Alle Disziplinen haben das Ziel, menschliches Verhalten zu erklären und die damit verbundenen Phänomene zu verstehen.

Wichtig für die Optimierung von Websites und Onlineshops ist die Erkenntnis, dass menschliches Verhalten nicht rein kosten- und nutzenorientiert ist, sondern stark von Gefühlen, Eindrücken und instinktiven Mechanismen gesteuert wird. Details zu den einzelnen Effekten finden Sie in den jeweiligen Erklärungen der einzelnen Elemente des Sieben-Ebenen-Modells in Kapitel 4.

# 2.8 Der Werkzeugkasten der Conversion-Optimierung

Conversion-Optimierung ist ein Prozess, den ich in Kapitel 5 näher beschreiben werde. Vorab möchte ich jedoch einige Methoden, Tools und Disziplinen erklären, um die Zusammenhänge zwischen den nachfolgend erläuterten Prinzipien zu verdeutlichen.

## 2.8.1 Webanalyse

Ohne die Möglichkeit, Daten über die Nutzung einer Website oder eines Onlineshops analysieren zu können, wird Conversion-Optimierung unmöglich. Das Messen von Daten ist die Grundlage, um eben diese Daten verändern zu können. Alles beginnt mit der Messung von Visits, Aktionen, Bounce- und Abbruchquoten. Die Daten verraten uns zwar nicht den Grund für das Nutzerverhalten, sie bilden im Optimierungsprozess den quantitativen Rahmen, anhand dessen die Wirksamkeit von Optimierungen überprüft werden kann.

## 2.8.2 A/B-Test

Im A/B-Test werden zwei oder mehr Varianten einer Seite gegeneinander zur gleichen Zeit getestet. Dazu wird der Besucherstrom über eine Traffic-Weiche aufgeteilt und die unterschiedlichen Versionen werden ausgespielt. Im direkten Vergleich zeigt sich, welche Version die gewünschten Effekte anhand der gemessenen Kennzahl (zum Beispiel Verringerung der Abbruchquote, Erhöhung der Conversions oder Click-Troughs etc.) zeigt. Werden auf einer Seite gleich mehrere Elemente in Kombination getestet, spricht man von einem multivariaten Test.

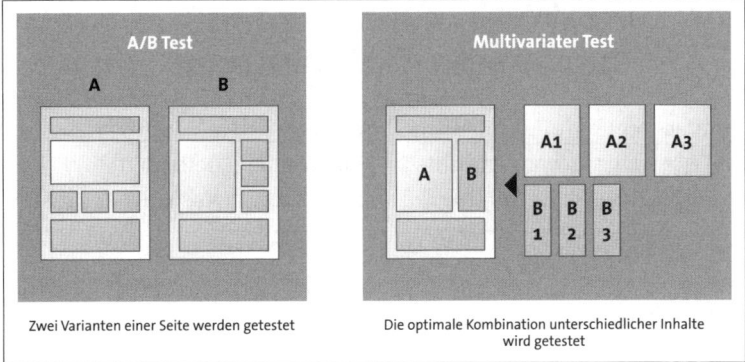

**Abbildung 2.6:** Template A/B gegeneinander

Damit das Resultat nicht dem Zufall überlassen wird, müssen die Tests einen gewissen Konfidenzlevel erreichen. Man stelle sich vor, die Grundlage für eine Aussage seien nur drei Aktionen, die im Verhältnis 2:1 zu Gunsten von Variante A ausfallen. Jeder wird zugeben, dass daraus keine sinnvolle Ableitung zu treffen sein kann, da das Ergebnis ein Produkt des Zufalls ist. Es sind wesentlich mehr Aktionen nötig, um eine belastbare (valide) Aussage treffen zu können, bei der der Zufall keine Rolle mehr spielt. Je nachdem, wie viele Varianten gegeneinander getestet werden und wie groß der Unterschied (Kontrast) der zu messenden Kennzahl ist, braucht es wenige hundert bis einige tausend Aktionen.

A/B-Tests bieten den Vorteil, dass sie auch bei einer kleineren Anzahl von Aktionen bereits zu einem hohen Konfidenzlevel führen. Werden in den getesteten Varianten jedoch zu viele Elemente auf einmal verändert, lässt sich am Ende nicht mehr sagen, welches Element verantwortlich für die Wirkung war. Beherzigt man den Tipp einiger Testing-Experten, nur einzelne Veränderungen zu testen, bewegt man sich hingegen nur in sehr kleinen Schritten vorwärts. Eine alternative zum A/B-Test ist daher der multivariate Test. Hierbei werden die zu testenden Elemente in unterschiedliche Variablen der Seite zerlegt, die in beliebigen Kombinationen getestet werden kann. Werden beispielsweise vier Variablen (jeweils Original und Optimierung) einer Website getestet, erhält man bereits 1 x 2 x 2 x 2 x 2 = 32 unterschiedliche Variationen einer Seite als Resultat aller Kombinationen. Multivariate Tests brauchen daher deutlich mehr Traffic beziehungsweise Aktionen, um zu einem hohen Konfidenzlevel zu führen.

## 2.8.3   User Experience

Die Disziplin der User Experience (UX) beschäftigt sich mit der Frage, wie Nutzer die Bedienung einer Webseite oder eines Computerprogramms empfinden, welches Erlebnis (Experience) sich ihnen dabei bietet. Dem liegt die Annahme zugrunde, dass es nicht zwangsläufig darum gehen muss, dass ein System möglichst einfach zu bedienen ist. Auch kompliziertere, nicht intuitiv bedienbare Systeme (zum Beispiel Computerspiele) können den Nutzern Spaß machen. Die User-Experience-Forschung untersucht, welche Faktoren das Erlebnis beeinflussen und wie ein optimales Erlebnis (Joy of Use) zu erzielen ist. Dabei gehen UX-Experten von einem Ansatz aus, der Faktoren wie wahrgenommene Ästhetik, Simplizität, Forderung, Innovationsgrad, ebenso wie Gebrauchstauglichkeit im Gesamtkonzept berücksichtigt. Dr. Meinald T. Thielsch hat 2008 in seiner Forschungsarbeit „Ästhetik von Websites" herausgefunden, dass die wahrgenommene Ästhetik zu Beginn eines Websitebesuchs einen signifikant höheren Einfluss auf die Nutzermotivation hat, als die wahrgenommene Usability[2]. Da die User Experience einen starken Einfluss auf die Handlungsbereitschaft (Motivation) der Nutzer hat, ist Conversion-Optimierung ohne den Aspekt der UX nicht denkbar. Im Bereich der qualitativen Methoden zur Analyse einer Website gibt es für Conversion Optimierer viele nützliche Tools wie szenariobasierte Nutzertests, Eye Tracking etc.

---

2   Meinald T. Thielsch (2008): Ästhetik von Websites: Wahrnehmung von Ästhetik und deren Beziehung zu Inhalt, Usability und Persönlichkeitsmerkmalen, MV Wissenschaft, ISBN 978-3-86582-660-2

## 2.8.4 Usability

Usability ist der englische Begriff für Gebrauchstauglichkeit. Die DIN EN ISO 9241 definiert die Gebrauchstauglichkeit als den Grad, in dem Nutzer in einem bestimmten Kontext ihre Ziele auf einer Website, einem Onlinesystem oder einer Software effektiv, effizient und zufriedenstellend erreichen können[3]. Im Sinne der Conversion-Optimierung ist dieses Ziel die Aktion, die einen betriebswirtschaftlichen Einfluss auf die Wertschöpfung des Onlinesystems hat. Anders gesagt: Ohne Usability wird das Ziel nicht erreicht, also gibt es keine Konversion. Ohne Konversion gibt es keine Wertschöpfung, also gibt es keinen Profit. In der so dargestellten Kausalitätenkette erscheint Usability als ein sehr wichtiger Faktor, ohne den Konversion nicht oder nur sehr schwer möglich ist. Das ist tatsächlich der Fall, sobald es Defizite in der Gebrauchstauglichkeit gibt.

Umgekehrt ist eine hohe Usability kein Garant für eine hohe Konversionsrate. Das habe ich in den letzten 10 Jahren in hunderten Nutzertests erlebt, bei denen ich Nutzer im Labor bei der Bedienung von Websites live und direkt beobachtet habe. Es zeigte sich vor allem, dass die Usability einer Website oder eines Shops kein besonders hoch wirksames Differenzierungsmerkmal ist. Bei ähnlich guter Usability unterschiedlicher Wettbewerber entscheiden sich die Nutzer aufgrund anderer Faktoren für oder gegen einen Anbieter. Die Usability scheint bei der Entscheidung keine große Rolle zu spielen. Angesichts durchgängig relativ hoher Standards wird es schwer, durch die Nutzer wahrnehmbare Verbesserungen zu erzielen, die sich in deren Motivation positiv bemerkbar machen.

---

3   *http://de.wikipedia.org/wiki/EN_ISO_9241*

entwickler.press

## 2.8.5   Nutzertests

Eine zentrale Aufgabe der Conversion-Optimierung ist es, valide Schwachstellen zu identifizieren und dazu passende Lösungen zu evaluieren. Dabei ist die Beobachtung echter Nutzer in einer typischen Kaufsituation eines der wichtigsten Hilfsmittel. In der Situation lassen sich emotionale Eindrücke der Nutzer beobachten, die Rückschlüsse auf ihr Entscheidungs- und Kaufverhalten liefern. Ich habe selbst häufig miterlebt, wie in Nutzertests deutlich unauffälligere Schwachstellen durch die Nutzer identifiziert wurden, als sie die Experten in ihrer Evaluation gefunden haben. Diese Schwachstellen hatten meist sogar einen wesentlich höheren Einfluss auf das tatsächliche Kaufverhalten und damit die Konversionsrate, als es die per Expertenevaluation identifizieren Elemente hatten. Nutzertests wie der eingangs beschriebene sind mit sehr einfachen Bordmitteln und mit wenig Aufwand selbst durchzuführen. Die Validität der gewonnenen Erkenntnisse steigt selbstverständlich mit dem Grad an Erfahrungen und Professionalität, die in Testkonstruktion, Setup, Durchführung und Auswertung der Ergebnisse einfließen.

## 2.8.6   Fragebögen

Um kontinuierliches Feedback zu erhalten, werden häufig Websites und Onlineshops mit Onlinefragebögen ausgestattet. Über die Fragebögen wird permanent Nutzerfeedback eingesammelt, das sowohl quantitative Angaben als auch qualitative Rückmeldungen enthalten kann. Ein Vorteil von Onlinefragebögen gegenüber dem Feedback aus Nutzertests ist die Kontinuität und die Vergleichbarkeit der Ergebnisse über einen längeren Zeitraum. So lassen sich neben den üblichen KPIs (Key-Performance-Indikatoren) aus der Webanalyse über die Nutzung der Website auch darüber hinaus gehende Daten gewinnen, die Aufschluss zum Beispiel über das Nutzungserlebnis (UX) liefern können. Auf diese Weise lassen sich im Idealfall Korrelationen mit

Veränderungen auf der Website bilden und dadurch der Erfolg von Maßnahmen belegen, die nicht unmittelbar über betriebswirtschaftliche Daten (Konversion, Umsatz, Deckungsbeitrag) messbar und belegbar sind.

Ein häufiger Kritikpunkt an Onlinefragebögen besteht in der Tatsache, dass die Teilnehmer nicht einem repräsentativen Querschnitt aller Nutzer, Kunden und Abbrecher entspricht. Die Vermutung liegt nahe, dass bestimmte Persönlichkeitstypen und Nutzergruppen eher bei der Abfrage durch Fragebögen mit machen als andere. Darüber hinaus liefern Fragebögen ausschließlich bewusste Antworten der Nutzer. Feedback aus unterbewussten und emotionalen Ebenen der Entscheidungsfindung lässt sich kaum oder nur sehr schwer erzielen. Angesichts des heutigen Forschungsstands in den Bereichen Neuromarketing und Verhaltensökonomik[4] wird klar, dass es sich bei den Erkenntnissen aus Fragebögen um Angaben handelt, bei denen Nutzer häufig sozial erwünscht antworten, anstatt ihre tiefer liegenden, persönlichen Motive zu offenbaren.

## 2.8.7 Personas

Wer sich mit der Frage beschäftigt, wie Onlinenutzer entscheiden, der muss wissen, wer diese Onlinenutzer sind. In der Regel werden dazu sozio-demographische Daten von Kunden und Zielgruppen von Marktforschern, CRM-Experten und Marketingprofis gesammelt. Es wird nach Clustern gesucht, Wolken mit möglichst großer Gültigkeit, die diese Gruppen beschreiben. Typische Ergebnisse sind Beschreibungen von Kunden anhand dieser Daten, zum Beispiel „Unsere Kunden sind zwischen 35 und 55 Jahre alt, zu 63 Prozent männlich, wohnen vorwiegend in ländlichen Gebieten und verfügen über ein durchschnittliches Jahres-Brutto-Einkommen von 34 000 Euro."

---

4    Dan Ariely: Predictably Irrational: The Hidden Forces that Shape Our Decisions, 2009, Harpercollins, ISBN 978-0007256532

entwickler.press

Wie nimmt diese Gruppe Ihre Website oder den Onlineshop wahr? Wie hilft diese Beschreibung einer Gruppe in Form von Daten und Durchschnittswerten beim Verständnis der Erwartungen und Anforderungen? Das Konzept der Personas geht daher einen umgekehrten Weg. Statt Durchschnittswerten und Demographie wird eine Persona als prototypischer Stellvertreter der Gruppe mit Namen, Charakter und einem Porträt definiert, um ihm ein Gesicht zu geben[5]. Eine Persona hat ein Leben, einen Beruf, Wünsche, Erwartungen und auch Ängste.

**Dr. Michael von Uckermark**

| | |
|---|---|
| **Alter, Geschlecht:** | 47, männlich |
| **Rolle, Position:** | CEO, steht unter Druck, einer Prod.-Einheit eines Internationalen Konzerns |
| **Erwartung:** | Profit, Marktposition, Unternehmen kommt aus schwieriger Situation |
| **Charakter:** | ungeduldig, will Ergebnisse sehen |
| **Hobbies:** | Skifahren, Jäger |
| **Marken:** | MontBlanc, hochwertige Markenartikel, Audi A8 |
| **Pro:** | „Warum denn nicht gleich…" |
| **Kontra:** | „Mehrwert nicht erkennbar, wo ist der Profit" |

**Abbildung 2.7:** Typische Persona im Überblick

---

5    John Pruitt, Tamara Adlin: The Persona Lifecycle: A Field Guide for Interaction Designers. Keeping People in Mind Throughout Product Design. Morgan Kaufmann (2005), ISBN 978-0-12-566251-2

Gut definierte Personas wirken authentisch, man kann sie sich lebhaft als echte Menschen vorstellen. Sie können auf Tassen gedruckt werden, als Plakat an der Wand hängen oder sogar als lebensgroße Pappkameraden auf den Fluren der Marketingabteilung stehen. Personae erinnern permanent daran, für wen die Anwendungen und Systeme konzipiert werden und helfen, durch die Augen dieser Nutzer zu schauen. Konzepte können hinterfragt werden: Würde Waltraud diese Funktion wirklich nutzen? Warum nicht? Ohne ein klares Bild, wer die Nutzer sind, die auf der Website oder im Onlineshop eine Aktion durchführen sollen, die später als Konversion messbar ist, kann das System nicht optimiert werden. Die Persona ist daher ein wichtiges Werkzeug des Conversion-Optimierers.

## 2.8.8 Informationsarchitektur

Die noch relativ junge Disziplin der Informationsarchitektur beschäftigt sich mit der Frage, wie Informationen, Funktionen und Elemente einer Website angeordnet sein müssen, um aus Nutzersicht eine optimale Anwendung zu gewährleisten. In der Informationsarchitektur werden Art, Position, Bezeichnung und Inhalte der Elemente einer Website typischerweise in einem Wireframe dokumentiert. Diese Form der Skizze einer Website ist vergleichbar mit dem Konstruktionsplan eines Architekten für ein Gebäude und dient dem Gestalter/ Designer als Grundlage für seine Arbeit. Die Informationsarchitektur spielt eine große Rolle in der Conversion-Optimierung, da die Anordnung, Kennzeichnung und Inhalte der Websiteelemente, Buttons und Funktionen einen sehr großen Einfluss auf das Verhalten der Nutzer und damit auf die Konversionsrate haben. Eine gute Informationsarchitektur ist die Grundlage für eine Website, die eine hohe Konversionsrate hat.

Besondere Beachtung findet das Modell „The Elements of User Experience"[6] des US-Informationsarchitekten und Designers Jesse James Garrett. Es definiert die fünf Ebenen nach aufsteigendem Abstraktionsgrad, die am Ende zum fertigen Design führen. Auf der untersten Ebene, dem abstrakten Fundament einer jeden Website, definiert Garrett Nutzerbedürfnisse in Kombination mit den unternehmerischen Zielen der Website die Grundlage für alle darauf folgenden Ebenen. Damit ist das Modell von Garrett aus dem Jahr 2001 das erste dieser Art, in dem betriebswirtschaftliche Ziele die Grundlage der Informationsarchitektur darstellen. In seinem gleichnamigen Buch „The Elements of User Experience"[7] erklärt Garrett das Modell genauer und liefert einen Meilenstein in der Methodik zur Entwicklung funktionierender nutzer- und zielorientierter Webanwendungen, Websites und Onlineshops. Rückblickend sind meist fehlende Nutzer- und Zielorientierung der Grund für schlechte betriebswirtschaftliche Daten bei Website- und Relaunch-Projekten, daher empfiehlt sich die Lektüre von Garretts Buch jedem Conversion-Optimierer.

## 2.8.9 Screendesign

In nur wenigen Millisekunden interpretieren Nutzer die visuellen Eindrücke eines Websitebesuchs. Dabei sind die gleichen Gehirnbereiche aktiv wie beim Kennenlernen eines Menschen. Das verdeutlicht, wie wichtig die Arbeit des Designers ist, der den abstrakten Konzepten von Informationsarchitekten ein Gesicht gibt.

Beim Screendesign wird festgelegt, welche Elemente wie wichtig sind, welche Teile einer Website zuerst betrachtet werden und welche eventuell dem Nutzer überhaupt nicht auffallen. Die Reihenfolge der Ele-

---

6   *http://www.jjg.net/ia/elements.pdf*
7   Jesse James Garrett: „The Elements of User Experience: User-Centered Design for the Web and Beyond", New Riders; Auflage: 2nd revised edition. (16. Dezember 2010), ISBN-10: 0321683684

mente, ihre visuelle Hierarchie, die Klarheit und die Einfachheit, mit der die Gestaltung den Inhalten eine Form gibt, all das wird am Ende darüber entscheiden, wie der Nutzer über die Wahrnehmung urteilt und ob er eine gewünschte Aktion durchführen wird oder nicht. Ähnlich wir die Informationsarchitektur hat die Gestaltung einer Seite eine enorm hohe Bedeutung, da sie unmittelbaren Einfluss darauf hat, wie Nutzer auf der Seite entscheiden und handeln.

Conversion-Optimierer nehmen oft Einfluss auf die Gestaltung von Websites, indem sie fordern, dass wichtige Elemente von unwichtigeren Elementen unterschieden werden sollen, um Nutzern das Aufnehmen der gewünschten Informationen zu erleichtern. Der Blick der Conversion-Optimierung auf Gestaltung und Design ist dabei wenig von Kreativität und Ästhetik geprägt. Gestaltung im Sinne der Conversion-Optimierung ist zielorientiert und methodisch, um die gewünschten betriebswirtschaftlichen Ziele zu erreichen. Kreativer Freiraum besteht nur in zuvor definierten Grenzen.

## 2.8.10 Conversion-Prozess

Um möglichst effizient zu guten Ergebnissen zu kommen, folgen routinierte Conversion-Optimierer einem bestimmten System, sie befolgen einen festen Fahrplan. Dieser so genannte Conversion-Prozess beinhaltet alle zuvor genannten Disziplinen und Tools und wird prinzipiell in folgende Phasen unterteilt:

1. **Schwachstellen identifizieren**: Mithilfe von Befragung, Webanalyse, Nutzertest oder Expertenevaluation werden Hypothesen über mögliche Schwachstellen entwickelt und priorisiert. Die Priorität ist ein Produkt der Potenziale zur Verbesserung der Konversionsrate in Verbindung zum Aufwand zur Optimierung der Schwachstelle. Im Rahmen der Conversion-Optimierung wird es nötig zu verstehen, welche Methode zur Generierung und Priorisierung von Schwachstellen eine möglichst hohe Validität, das heißt Belastbarkeit oder

Vorhersagequalität bietet. So können zum Beispiel Aussagen aus Nutzertests nicht immer zu betriebswirtschaftlichen Ergebnissen führen. Umgekehrt verraten die Daten aus der Webanalyse nicht die Ursache. Conversion-Optimierer sind daher stets angehalten, den gesamten Methodenmix in der Analyse zu verstehen und einzusetzen, um zu möglichst treffsicheren Aussagen zu kommen.

2. **Optimierung ableiten**: Es wird ein Konzept zur Optimierung der möglichen Schwachstelle entwickelt. Optional werden unterschiedliche Lösungsansätze entwickelt, die im darauf folgenden Schritt als Varianten in einem A/B- oder multivariaten Test gegen die Originalversion (Kontrollvariante) getestet werden. Die Optimierung besteht aus inhaltlichen, gestalterischen, funktionalen oder gar architektonischen Änderungen an der Website (systemische Optimierung) oder an bestimmten Stellen, zum Beispiel einer Landing Page (punktuelle Optimierung). An dieser Stelle werden die Disziplinen Informationsarchitektur, Design und Copy Writing benötigt. Um die eigentliche Optimierung möglichst effektiv zu gestalten, wird von allen Beteiligten ein hohes Maß an Verständnis für die Hypothese gefordert.

3. **Wirkung testen**: Im Rahmen eines Tests werden die Optimierungskonzepte auf der Website getestet. Die unterschiedlichen Varianten werden parallel gegeneinander laufen gelassen. Besonders wichtig ist dabei die Fähigkeit des Conversion-Optimierers, die Ergebnisse aus A/B-Tests richtig zu interpretieren. Oft sind weiterführende Tests nötig, um einen Mechanismus zur Optimierung eindeutig zu klären. Besonders bei multivariaten Tests zeigt sich aufgrund der hohen Anzahl von Kombinationen oftmals eine hohe Komplexität bei der Interpretation der Ergebnisse. Wichtig ist, dass Conversion-Optimierer die Siegervariante stets als lokales Optimum verstehen, das heißt die beste unter den getesteten Varianten, und niemals ausschließen, dass es noch bessere Varianten gibt. Das Ziel des Testings ist es, möglichst effizient das globale, das heißt das absolute Maximum, zu identifizieren und nachhaltig zu nutzen.

4. **Verstehen und lernen**: Die Erkenntnisse aus Tests werden dokumentiert und dienen dem Unternehmen als Lernmaterial. Auswirkungen auf andere Teile der Website, andere Kanäle oder Instrumente sollten besprochen und bei Bedarf abgeleitet werden. Die Resultate von A/B-Tests können oft im Sinne der Marktforschung zu wichtigen Learnings in anderen Unternehmensbereichen führen. Der Conversion-Prozess stellt sicher, dass die richtigen Informationen übertragen und dokumentiert werden.

Das Ziel des Conversion-Optimierers ist es, diesen Prozess als kontinuierlichen Kreislauf (mehr dazu in Kapitel 5) möglichst effizient und effektiv ablaufen zu lassen. Die Leistungsfähigkeit des Prozesses ist schließlich ein strategischer Wettbewerbsfaktor, vergleichbar mit einem dauerhaften Innovationsprozess. Dem Thema Conversion-Optimierung kommt daher in der Organisation eine besondere Bedeutung zu, die weit mehr Verantwortung in sich trägt als nur die oberflächliche Analyse unterschiedlicher Buttonfarben in ihrer Auswirkung auf die Klickrate.

## 2.8.11 Deckungsbeitrag- und Kundenwertberechnung

Streng genommen ist die Aufgabe des Conversion-Optimierers die betriebswirtschaftliche Optimierung digitaler Wertschöpfungsprozesse. Die Konversionsrate als Kennzahl aus dem Webanalysesystem korreliert sehr hoch mit dem Deckungsbeitrag der Prozesse oder Onlinesysteme und hat sich daher als zentraler Begriffsträger eingebürgert. In Wirklichkeit sind Conversion-Optimierer jedoch Profit-, EBIT- oder Deckungsbeitragsoptimierer. Sie müssen sich daher mit den Grundlagen der betriebswirtschaftlichen Berechnung der Resultate von Onlineshops, Websites zur Lead-Generierung, Intra- und Extranets etc. beschäftigen und auskennen. Relativ einfach wird der Zusammenhang in einem Onlineshop. Hier wird schnell klar, dass eine Veränderung zwar die Konversionsrate steigern, jedoch den Umsatz senken kann. Eine positive Korrelation zwischen Konversionsrate und Umsatz ist zwar sehr wahrscheinlich, aber nicht zwangsläufig gegeben. So könnte eine Veränderung der Versandkosten zwar die Anzahl der Bestellungen und dadurch die Konversionsrate leicht erhöhen, der Wert der bestellten Artikel könnte jedoch sinken und damit auch der Gesamtumsatz. Es ist dringend erforderlich, dass Conversion-Optimierer und Webanalysten diese Zusammenhänge kennen und die nötigen Kennzahlen messen. Noch aussagekräftiger und mit den primären Unternehmenszielen verbunden ist der Deckungsbeitrag. So könnte in unserem Beispiel eine Variante zwar einen geringeren Umsatz erwirtschaften, die bestellten Artikel verfügen jedoch über eine weit höhere Marge und führen daher zu einem entsprechend weit höheren Deckungsbeitrag. Besonders bei Onlineshops wird deutlich, wie wichtig es ist, Retouren- und Stornoquoten sowie Payment- und Fulfillment-Kosten in dieser Berechnung zu berücksichtigen, um zu validen Erkenntnissen zu kommen. Wer ausschließlich die reine Konversionsrate optimiert, verfehlt im schlimmsten Fall die eigentlichen Unternehmensziele. Im Idealfall dienen kundenwertorientierte Betrachtungen[8] der Identifikation der optimalen Variante. Bei dieser Kennzahl wird der langfristig generierte Kundenwert betrachtet.

---

8    Günter, B./Helm, S.: Kundenwert: Grundlagen - innovative Konzepte - praktische Umsetzungen, ISBN 3409117016

# 3 Conversion-Frameworks

## 3.1 Die Entscheidung aus Kundensicht

Wir wissen, dass der Klick des Nutzers das ist, was wir als Konversion bezeichnen. Wenn wir Konversionsraten ändern möchten, müssen wir also verstehen, warum manche Nutzer klicken und viele andere nicht. Was steuert also das Verhalten der Nutzer? Welche Faktoren sind für einen Klick oder den Klick verantwortlich? Wir müssen zielsicher diese Faktoren kennen. Wir müssen aus den Augen der Nutzer schauen, um ihr Verhalten zu verstehen. Das Verstehen von Nutzerverhalten ist die Grundlage für das Beherrschen des Mechanismus. Im Sinne von Ursache und Wirkung beginnt an dieser Stelle die Optimierung, bei der es letztlich darum geht, das Verhalten der Nutzer zu den eigenen Gunsten zu verändern. Wie findet man nun die Ursachen für das Verhalten der Nutzer? Wie erklärt man sich die bestehenden Klicks und Abbrüche, die man im Webanalysesystem messen kann? Dabei gibt es drei Probleme, die im Folgenden erläutert werden sollen.

### 3.1.1 Das Datenproblem

Die übliche Vorgehensweise zum Ermitteln von Schwachstellen und Bilden von Hypothesen ist ein Blick der Verantwortlichen in Ihr Webanalysesystem. In den letzten Jahren sind diese Systeme immer leistungsfähiger geworden und können eine Unmenge an Daten produzieren. Webanalysesysteme messen, woher ein Besucher kam, wohin er ging, wie viel Zeit dazwischen lag und im Idealfall sogar wohin er seine Maus bewegte. Wenn wir nun das Verhalten nicht bloß von einem Nutzer, sondern gleich von zigtausenden Menschen interpretieren wollen, begegnet uns eine gigantische Datenflut, die es überhaupt zu verstehen gilt. Was sind überhaupt die richtigen Kennzahlen, um Nutzerverhalten zu verstehen und zu erklären?

Wir beschäftigen uns mit Segmentierungen und Drilldowns. Wir schlagen eine Schneise durch den Datendschungel, stets auf der Suche nach Erklärungen. Dabei werden wir mit einem massiven Problem konfrontiert. Daten erklären uns, was passiert. Was wir sehen, ist eine Quantifizierung, eine Messung dessen, was wir überhaupt messen können. Im Sinne von Ursache und Wirkung ist das Verhalten der Nutzer die Ursache, und die Daten, die wir messen, verbunden mit Handlungen der Nutzer, sind die daraus resultierende Wirkung. Das Problem dabei ist ganz einfach. Die Daten liefern uns nicht die Erklärung. Sie verraten uns nicht, warum etwas passiert, sie beschreiben nur, was passiert. Die daraus abgeleiteten Hypothesen basieren stets auf unserer eigenen Interpretationen, auf Vermutungen und unseren subjektiven Erfahrungen. Die Gefahr ist sehr groß, dass wir in den Daten das erkennen, was wir ohnehin bereits vermuten.

## 3.1.2 Das Problem der Innensicht

Als Betreiber einer Website, als Designer, E-Commerce-Manager oder Online-Marketer sehen Sie die Dinge stets aus Ihrer eigenen subjektiven „Innensicht". Sie wissen Dinge und kennen Zusammenhänge, die der „normale" Nutzer auf der Website oder im Onlineshop nicht kennt. Das verändert die Wahrnehmung. Alleine das Expertenwissen verhindert vor allem, die eigene Website mit den Augen eines Nutzers sehen zu können. Sie sehen meist zusätzlich die dahinter liegende Komplexität der Produkte, das Wissen über die Wettbewerber, die bei der Konzeption mit eingeflossen sind, das Hintergrundwissen zur Markenarchitektur, CI und Farbwelten. Und so finden wir für alles, was wir sehen, eine Erklärung aus unserer subjektiven Realität heraus und glauben zu wissen, warum die Dinge so sein müssen, wie sie sind.

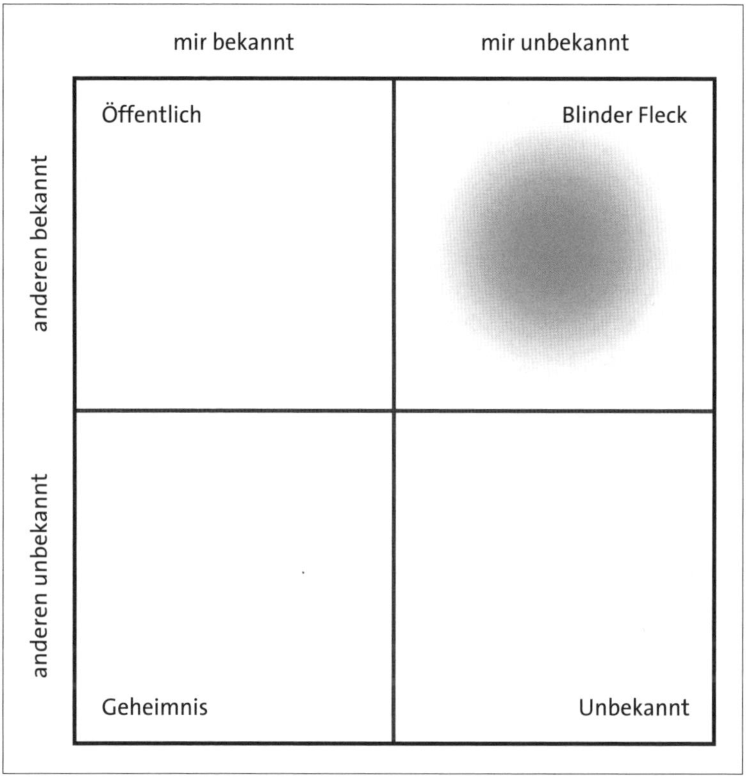

**Abbildung 3.1:** Das Johari-Fenster: Das Johari-Fenster[1] zeigt die unterschiedlichen Bereiche der Wahrnehmung des Selbst und von anderen und den daraus resultierenden blinden Fleck

---

1   *http://de.wikipedia.org/wiki/Johari-Fenster*

Eine Lösung dieses Selbstbild-Fremdbild-Problems ist es, sich über qualitative Marktforschungsmethoden wie Nutzertests Feedback über die eigene Wirkungsweise zu holen. Damit kommen wir jedoch zu einem weiteren Problem:

## 3.1.3 Das Komplexitätsproblem

Jeder, der sich bereits mit der Frage beschäftigt hat, wie sich Nutzerfeedback systematisch in Unternehmen holen und mit welchen Methoden sich brauchbares Feedback erzeugen lässt, der stößt schnell an ein paar essenzielle Probleme. Zum einen will man wissen, wie viele Menschen befragt werden müssen, um valide, das heißt belastbare Aussagen treffen zu können. Einzelmeinungen müssen schließlich von allgemein gültigen Aussagen unterschieden werden. Viele kennen die Forschungsergebnisse von Jakob Nielsen aus der Usability-Forschung, die besagen, dass es ausreichend ist, fünf bis zehn Nutzer zu befragen, um valide Ergebnisse zu erhalten. Doch gerade Experten, die bereits über Erfahrungen in der Marktforschung verfügen, nennen weit größere Zahlen. Es wird deutlich, dass eine Befragung per Fragebogen nicht das gleiche ist, wie die qualitative Methode eines Nutzertests und die Analyse von Verhalten. Es gibt unüberschaubar viele Methoden: vom einfachen Fragebogen über Kano-Analysen, von Nutzertests bis hin zu komplexen Verfahren wie Conjoint-Analysen. Aufwand und Komplexität sind zwei grundsätzliche Faktoren, die viele Unternehmen von systematischen Abfragen von Nutzerfeedback abhalten. Die meisten begnügen sich mit dem Onlinefragebogen auf der Website, der es Kunden und Nutzern erlaubt, permanent Feedback zu geben. Hier stoßen wir auf das zweite Problem: Die oberflächliche „Verrationalisierung" tiefsitzender Beweggründe, die nur einen geringen Erkenntnisgrad liefern.

entwickler.press

**Abbildung 3.2:** Eisberg-Modell

So können Kundenbefragungen per Onlinefragebogen das eine oder andere Feedback liefern, was augenscheinliche oder oberflächliche Aspekte betrifft. Sie liefern uns jedoch selten die Faktoren, die wirklich das Nutzerverhalten in den tiefen emotionalen und unterbewussten Ebenen entscheiden. Es liegt auf der Hand, dass das auch überhaupt nicht möglich ist, schließlich wissen Neurowissenschaftler heute besser, wie hoch der Anteil der unterbewussten Prozesse bei der Entscheidungsfindung von Konsumenten wirklich ist.[2] Auch wenn keine konkreten Zahlen existieren (alleine die Tatsache, dass die Prozesse unterbewusst ablaufen, macht klar, warum die Konsumenten im Rahmen einer einfachen Befragung darauf auch nicht antworten können; sie sind sich der Prozesse wie gesagt kaum bewusst und liefern daher meist vorgeschobene Gründe für ihre Entscheidung, die meist das Vorurteil der Anbieter noch stärken), so geht es in der Regel ausschließlich um den Preis und die Leistung.

Ein typisches Beispiel dafür begegnete mir dafür vor einiger Zeit bei einem Vortrag eines E-Commerce-Verantwortlichen eines großen Multichannel-Versenders. Stolz verkündete er, wie er mithilfe einer Kun-

---

2    H.G Häusel: Neuromarketing - Erkenntnisse der Hirnforschung für Markenführung, Werbung und Verkauf, Haufe-Verlag, 2007, ISBN 978-3448080568

denbefragung essenzielles Kundenfeedback eingeholt hat. Eine seiner wichtigsten Erkenntnisse war die Antwort auf eine ganz bestimmte Frage: Wie wichtig ist Ihnen ein günstiger Preis bei der Auswahl eines geeigneten Anbieters? Und jetzt raten Sie mal: Über 98 Prozent seiner Kunden gaben an, dass ihnen ein günstiger Preis wichtig oder sehr wichtig war. Darauf richtete das Unternehmen seine komplette Unternehmensstrategie aus. Kaum vorstellbar, wie teuer es wohl war, diese Frage zu stellen. Es zeigt, wie wichtig es ist, den richtigen Methodenmix zu beherrschen und die richtigen Fragen zu stellen, um an aussagekräftiges, valides und belastbares Kundenfeedback zu gelangen.

Man bräuchte eine Art Schablone mit der sich Kundenverhalten vorhersagen lässt, quasi ein Handbuch des Kundenverhaltens, dass uns sagt, was wir tun und was wir lassen sollten, wenn wir Seiten gestalten oder optimieren. Allgemein gültige Heuristiken, um mit einfachen Mitteln aus den Augen der Kunden sehen zu können, wären sehr hilfreich – konkretes Wissen darüber, was in den tiefen und unterbewussten Ebenen der Entscheidungsfindung bei Onlinenutzern wirklich abläuft.

Genau dafür wurden so genannte Conversion-Frameworks entwickelt. Frameworks definieren die Rahmenbedingungen von Nutzerverhalten. Sie klären die wichtigsten Faktoren bei der Kundenentscheidung und geben Leitlinien vor, die entsprechend durch individuelle Inhalte ergänzt werden können. In diesem Buch möchte ich ein Framework vorstellen, dass es ermöglicht, die wesentlichen Faktoren, die für eine Kundenentscheidung und damit für die Conversion verantwortlich sind, zu erkennen und zu beherrschen. Ein solches Framework dient dazu, schnell und agil den nötigen Input zur Optimierung zu erhalten, ohne dabei eines der drei bereits genannten Probleme zu haben. Das Framework soll unabhängig von gesammelten Daten aus der Webanalyse Hinweise auf eventuelle Schwachstellen liefern, möglichst objektiv, wie eine Art Checkliste, und mit möglichst wenig Komplexität und Aufwand.

## 3.2  Das L.I.F.T.-Modell von WiderFunnel[3]

Ein sehr konkretes und hilfreiches Conversion-Framework wurden von WiderFunnel Marketing Optimization, eine der führenden Anbieter für Conversion- und Landing-Page-Optimierung in Nordamerika, entwickelt. Das Modell beschreibt sechs zentrale Faktoren, die die Konversionsrate einer Seite massiv beeinflussen:

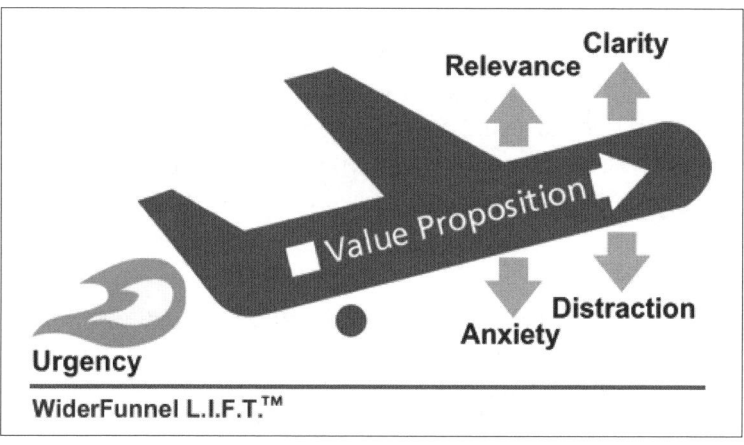

**Abbildung 3.3:** Das WiderFunnel-L.I.F.T.-Modell (© 2007-2011 WiderFunnel Marketing Inc.)

1. *Value Proposition = Nutzenverprechen*: Der beschriebene Nutzen eines Angebots ist das Vehikel für eine optimale Konversion. Ohne Nutzen keine Konversion. Damit ist das Nutzenversprechen der wichtigste Faktor für eine hohe Konversionsrate. Alle anderen Faktoren können diesen Basisfaktor nur noch verbessern oder verschlechtern.

---

3   *http://www.widerfunnel.com/conversion-rate-optimization/the-six-landing-page-conversion-rate-factors*

Die drei Konversionstreiber sind Folgende:

2. *Relevance = Relevanz*: Sieht die Landing Page, Website oder der Onlineshop dem ähnlich, was ein Nutzer erwartet? Die Relevanz des Nutzenversprechens und der Kontext, in dem die Seite steht, sind kritische Faktoren. Die Inhalte der Seite müssen sprachlich zu den Erwartungen des Nutzers passen und konsistent mit dem Werbemittel oder dem Anzeigentext sein, ansonsten wird der Nutzer die Seite verlassen.

3. *Clarity = Klarheit*: Sind Nutzenversprechen und Call-to-Action vom Nutzer klar zu erkennen? Klarheit ist von allen sechs Faktoren derjenige, mit dem Marketer am meisten zu kämpfen haben. Die Klarheit sollte vor allem in Bezug auf Gestaltung und Inhalte analysiert werden. Eine klare Gestaltung ermöglicht einen ungehinderten Blickverlauf. Klare und eindeutige Inhalte und Bilder gewährleisten, dass die Aussagen in einer minimalen Zeit vom Nutzer verstanden werden.

4. *Urgency = Dringlichkeit*: Gibt es für den Nutzer eindeutige Hinweise, dass die Handlung jetzt und nicht später erfolgen sollte? Dringlichkeit hat zwei Bestandteile: innere (wie fühlt sich der Nutzer bei Ankunft auf der Seite?) und äußere Einflüsse (durch die das Marketing Einfluss auf den Nutzer ausübt). Durch externe Einflüsse wie die Tonalität der Seite, Angebote, Bestellfristen oder Aktionszeiträume kann die innere Wahrnehmung verändert werden.

Die zwei Konversionsbarrieren sind Folgende:

5. *Anxiety = Bedenken*: Was sind typische Zweifel oder Bedenken, die den Nutzer von der gewünschten Aktion abhalten können? Die Bedenken der Nutzer hängen ab von der Glaubwürdigkeit, die die Seite beim Nutzer aufgebaut hat, und vom Vertrauen, das er in das Angebot hat.

6. *Distraction = Ablenkung*: Gibt es auf der Seite Elemente, die den Nutzer von der gewünschten Aktion ablenken könnten? Je mehr visuelle Eindrücke der Nutzer zu verarbeiten hat, desto geringer wird die Chance, dass er die gewünschte Aktion durchführen wird. Ablenkungsfaktoren wie unnötige Auswahloptionen, Links oder belanglose Informationen müssen zu Gunsten einer hohen Konversionsrate entfernt werden.

## Mein persönliches Fazit

Das L.I.F.T.-Modell von WiderFunnel besticht durch seine Einfachheit und die Visualisierung des Prinzips. Es ist selbsterklärend, einleuchtend und scheint praxisnah direkt anwendbar zu sein. WiderFunnel hält genügend Praxisbeispiele bereit, um die Effektivität des Modells zu beweisen. Weitere Informationen befinden sich unter *http://www. widerfunnel.com/white-paper-5-steps*.

# 3.3 Das READY-Framework von ion interactive[4]

Das Conversion-Framework von ion interactive, einem US-Anbieter von Services und Software zur Conversion-Optimierung, zeigt einige Parallelen zum LIFT-Modell von WiderFunnel. Es werden jedoch zahlreiche Faktoren ergänzt und differenzierter betrachtet. Das Akronym READY steht für die Begriffe „relevant", „engaging". „authoritative", „directional" und „yield optimal" (relevant, einnehmend, autoritativ, zielführend, ergebnisoptimiert). Dabei fällt vor allem der fünfte Faktor „yield optimal" auf, da es sich um den einzigen Begriff handelt, der nicht aus Sicht der Nutzer formuliert ist. Die Autoren des Frameworks beschreiben mit diesem Faktor den Einsatz von Technologie, Prozes-

---

4    *http://searchengineland.com/the-ready-conversion-optimization-framework-43814*

sen und Software, um einen maximalen Erfolg im Sinne einer hohen Konversionsrate zu erzielen. Hinter jedem der fünf Faktoren stecken fünf weitere Aspekte, die zur Erzielung hoher Konversionsraten erforderlich sind. Die fünf Primärfaktoren des Modells werden im Detail wie folgt differenziert:

1. *Relevanz = Gebe dem Nutzer, was er will*: Der Erfolg einer Landing Page oder Website hängt auch in diesem Modell von der Relevanz ab. Dabei wird in diesem Modell unterschieden zwischen dem Erfüllen des Versprechens aus der Werbebotschaft und der inhaltlichen und gestalterischen Übereinstimmung mit dem Werbemittel. Zusätzlich fällt unter den Aspekt der Relevanz noch der Aspekt der Selbstidentifikation (kann ich mich als Nutzer mit diesen Inhalten identifizieren?). Dieser Faktor wird als charakterliche Übereinstimmung mit dem Selbstkonzept und der Persönlichkeit des Nutzers beschrieben. Das ist eine Art Ähnlichkeitsprinzip als eine Grundlage für die Sympathie. Als letzten Faktor unter dem Schirm der Relevanz führt das Framework noch den Aspekt der zeitlichen Gültigkeit von Inhalten an: Nur Dinge, die überhaupt aktuell sind, können relevant sein.

2. *Engaging = Gewinne den Kopf und das Herz des Nutzers:* Die Grundlage, um Nutzer zur Handlung zu motivieren, ist eine emotional ansprechende, glaubwürdige Übertragung des Nutzenversprechens (Value Proposition). Neben der emotionalen Ansprache empfehlen die Autoren des Modells Inhalte, um zusätzlich eine rationale Begründung zu liefern; der Verstand der Konsumenten will schließlich nicht über's Ohr gehauen werden. Ein weiterer wichtiger Aspekt für eine mitreißende Ansprache sind ein emotional passendes Design und die Differenzierung von Wettbewerbern.

3. *Authoritative = Gewinne das Vertrauen des Nutzers*: Ohne die Ausstrahlung einer Autorität werden Nutzer einem Angebot nicht vertrauen. Die Faktoren, die dazu beitragen, sind Garantien, präzise und detaillierte Informationen über Produkte und das Einhalten

von sozialen (und juristischen) Normen, zum Beispiel Anbieter-kennzeichnungen. Zusätzlich empfiehlt das Modell den Einsatz des Effekten der sozialen Bewährtheit (siehe „Vertrauen" im Sieben-Ebenen-Modell) und der konsistente Einsatz von Markensymbolen.

4. *Directional = Führe den Nutzer zum Ziel:* Das Modell legt zugrunde, dass die Konversion des Nutzers nicht auf einer statischen Seite geschieht, sondern dass es sich vielmehr um einen dynamischen Prozess handelt. Nutzer müssen durch diesen Prozess geführt werden. Die Grundlage dafür sind eine klare Call-to-Action und Auswahlmöglichkeiten, die möglichst ohne Reibungsverluste stattfinden. Zusätzlich wird empfohlen, alle Störungen wie Cross-Selling-Elemente zu entfernen und die Motivation durch eventuelle Inventives zu erhöhen. Eine schrittweise Konversion in Form so genannter Micro-Conversions (zum Beispiel durch das Speichern des Warenkorbs über die Session hinaus) erhöht ebenfalls die Conversion.

5. *Yield Optimal = Es steckt mehr dahinter:* Das READY-Framework macht deutlich: Hinter der Optimierung von Konversionsraten steckt mehr, als Nutzer mit ihren Augen direkt erkennen können. Die Faktoren, die aus Anbietersicht zusätzlich eine hohe Konversionsrate gewährleisten, fasst das Modell wie folgt zusammen:

• Hinter jeder Optimierung steckt eine Hypothese. Das reine Ausprobieren von Veränderungen bringt nichts.

• Ohne A/B-Testing werden die Effekte nicht klar. Jeder, der Konversionsraten verbessern will, muss die Effekte in einem parallelen A/B-Test messen können.

• Tracking (Webanalyse) und Segmentierung dienen der Erfolgskontrolle. Ohne die Nutzungszahlen aus unterschiedlichen Segmenten (zum Beispiel neue versus wiederkehrende Besucher, Besucher aus organischen Suchergebnissen versus bezahlte Suchergebnisse) werden die Wechselwirkungen aus Onlinemarketing und Conversion-Optimierung nicht klar.

- Plane eine SEO-Strategie. Überlasse die Zusammenhänge zwischen Suchmaschinen und sozialen Netzwerken und den Landing Pages nicht dem Zufall, sondern plane den Erfolg.

- Wende die READY-Prinzipien auch auf nachgelagerte Prozesse an. Jede Aktion auf einer Website mündet in eine weitere Aktion und einen weiteren Prozess. Die Prinzipien dieses Frameworks sollen auch für diese Prozesse gelten, um eine maximale Wirkung zu entfalten.

## Mein persönliches Fazit

Das READY-Framework differenziert im Vergleich zum L.I.F.T.-Modell stärker die unterschiedlichen Aspekte der Faktoren, die Nutzer motivieren oder demotivieren. Es fehlen jedoch im Vergleich dazu die Faktoren, die sich mit den Ängsten, Bedenken und Einwänden der Nutzer beschäftigen. Positiv hingegen fällt auf, dass in Bezug auf „Engagement" zwischen emotionaler und rationaler Ansprache unterschieden und dazu aufgefordert wird, dem Nutzer in Form von Selbstähnlichkeit näher zu kommen.

Die ergänzenden Faktoren in Form technologischer und prozessualer Rahmenbedingungen sind spannend, wirken jedoch zu allgemein, um wirklich hilfreich zu sein. Es ist fraglich, ob diese Aspekte bei der täglichen Optimierung von Seiten zur Gewinnung von Hypothesen hilfreich sind, da sich an dieser Stelle operative und strategische Faktoren miteinander vermischen.

Aufgrund der Matrixform des Modells (fünf Faktoren mit je fünf Aspekten) liegt der Verdacht nahe, dass einzelne Aspekte aufgrund der Matrix gekürzt oder hinzugefügt wurden, um das 5-x-5-System zu gewährleisten.

# 3.4 Das Conversion-Framework von Invesp[5]

Das Conversion-Framework von Invesp, einer nach eigener Aussage kleinen, aber feinen auf Conversion-Optimierung spezialisierten Firma in den USA, dient dazu, Projekte strukturierter und effektiver zu machen. Das Modell soll als Blaupause dienen und ist auf eine optimale User Experience ausgerichtet. Das Invesp-Modell vereint dabei Erfolgsfaktoren im Prozess und Tools aus Anbietersicht sowie wichtige Aspekte aus Sicht der Nutzer. Das Modell benennt die acht Primärfaktoren für hohe Konversionsraten wie folgt:

1. *Persona-Entwicklung*: Die Grundlage der Conversion ist das Verständnis über die Nutzer. Aus Segmentierungen und CRM-Daten lassen sich keine brauchbaren Erkenntnisse darüber gewinnen, wer die Nutzer wirklich sind. Aus diesen Daten müssen im ersten Schritt Personas entwickelt werden, die einen Namen, ein Gesicht und einen Charakter haben. Sie sind die Grundlage, um Texte, Bilder und das Design einer Website so zu verbessern, dass es diese Menschen anspricht.

2. *Vertrauen*: Ohne das nötige Vertrauen in einen Anbieter entsteht keine Konversion. Vertrauen entsteht auf einer Website durch den richtigen Einsatz von Design, Navigationselementen, Ladezeiten, Produktpräsentationen einem alleinstellenden Nutzenversprechen (USP), Kontinuität und Kongruenz. Eine vertrauenswürdige Website darf keine Sicherheitsbedenken bei Nutzern auslösen.

3. *Engagement*: Die Aufgabe, den Nutzer an die Website zu fesseln, wird in diesem Modell als eine zentrale Aufgabe beschrieben. So führen Kundenbewertungen nach Meinung der Autoren zu einem positiven Erlebnis der Nutzer und Erhöhen die Nutzungsintensität.

---

5    *http://www.invesp.com/conversion-framework.html*

Detaillierte Angaben darüber, wie sich dieser Faktor darüber hinaus gezielt optimieren lässt, machen die Autoren auf ihrer Website jedoch nicht.

4. *Kaufphasen berücksichtigen*: Jeder Kaufprozess findet in einzelnen Phasen statt, die sich über mehrere Websitebesuche erstrecken können. Das Conversion-Framework von Invesp empfiehlt, spezielle Funktionen und Inhalte zu liefern, die diese Tatsache unterstützen und den Nutzer bei einer Fortsetzung des Kaufprozesses nahtlos anknüpfen lassen. Das Verstehen des realen Kaufprozesses der potenziellen Kunden spielt daher eine entscheidende Rolle bei der Gestaltung von Websites und Landing Pages mit hohen Konversionsraten.

5. *FUD – Fears, Uncertainties and Doubts*: Die Angst der Onlinenutzer vor dem Missbrauch ihrer Daten, vor möglichen schlechten Erfahrungen und Anbietern sorgt laut dem Invesp-Modell für eine grundsätzlich höhere Angst bei Onlinekäufern als beim Einkauf im Einzelhandel. Ein entscheidender Faktor, um diese Ängste, Zweifel und Unsicherheiten beim Nutzer zu nehmen, ist die direkte und offene Ansprache der Probleme. Daher liegt bereits bei der Entwicklung der Personas (Faktor Nr. 1) ein Schwerpunkt auf der Identifikation der Aspekte, die zum Abbruch führen könnten, weil die entsprechenden Fragen nicht beantwortet sind.

6. *Incentives*: Um Zweifel, Ängste oder gar fehlende Nutzenversprechen oder schlechte Inhalte zu kompensieren, empfehlen die Macher dieses Modells den Einsatz von Incentives, also kleinen Anreizen und Belohnungen. Es wird jedoch darauf hingewiesen, dass der Einsatz von Incentives richtig erfolgen muss, um sich positiv auf die Konversionsrate auszuwirken.

7. *Testing*: Das Validieren von Hypothesen mithilfe von A/B oder multivariaten Tests bezeichnet das Modell als das Herzstück des Conversion-Optimierungs-Prozesses. Um Tests erfolgreich zu ma-

chen und unnötige Testrunden mit geringem Uplift oder gar ohne Resultate zu vermeiden, weist das Modell erneut auf die erste Phase hin, die Entwicklung von Personas. Die Personas sind der Schlüssel für valide Hypothesen, die einen höheren Uplift im Test erzielen und daher unumgänglich.

8. *Kontinuierliche Optimierung*: Um nachhaltig die Effektivität einer Website zu optimieren, ist eine kontinuierliche, iterative Veränderung der Seite unumgänglich. Auch wenn sich das Framework nicht strikt gegen einen Relaunch ausspricht, wird klar, dass nach Meinung der Autoren im dauerhaften Optimieren in kleinen Schritten ein sicherer Erfolg liegt als bei einem Big Bang. Dabei liegt ein starker Fokus auf der Webanalyse und den Metriken als Grundlage für die Messung der Verbesserung.

## Mein persönliches Fazit

Das Conversion-Framework von Invesp bringt im Detail ein paar weitere nützliche Tipps, wie die direkte Ansprache von Bedenken, um sie bei den Nutzern aus dem Weg zu räumen, oder den Einsatz von Incentives als extrinsischen Motivator. Bei letzterem stimme ich den Autoren zu, dass solche Mittel nur sehr vorsichtig eingesetzt werden und ihre Auswirkungen auf die Conversion sorgfältig getestet werden sollten. Auch in diesem Modell vermischen sich Faktoren aus der Perspektive der Nutzermotivation (Vertrauen, Engagement, FUDs, Incentives) mit methodischen Heuristiken (Personas, Testing, CRO-Prozess). Für meinen persönlichen Geschmack sind einige der Faktoren zu abstrakt beschrieben, um als Schablone brauchbar zu sein und im täglichen Einsatz genügend valide Hypothesen zu liefern, auf der anderen Seite sind einige Tipps bereits sehr konkret (wie der offene Umgang mit Einwänden).

## 3.5 Das Behavior-Modell von B. J. Fogg[6]

Eigentlich ist es kein echtes Conversion-Framework. Dennoch möchte ich das Behavior-Modell von B. J. Fogg hier ansprechen, da es einen eindeutigen Hinweis darauf gibt, unter welchen Voraussetzungen Nutzer überhaupt ihr Verhalten ändern beziehungsweise eine Handlung bei Nutzern zu erwarten ist. Fogg ist Psychologe, Redner, Autor und Professor in Stanford und beschäftigt sich dort mit dem Einfluss digitaler Kommunikation auf das Verhalten von Menschen[7]. Seine Arbeit widmet er der Frage, wie (interaktive) Systeme das menschliche Verhalten beeinflussen können. Eine Antwort auf diese Frage gibt das von ihm entwickelte Behavior-Modell in Form einer simplen Formel: B = M x A x T. Dabei steht B für Behavior (Verhalten), M für Motivation, A für Ability (Fähigkeit) und T für Trigger. Mit dieser Kompaktheit ist dieses Behavior-Modell sicherlich das abstrakteste Modell in dieser Sammlung. Das macht es jedoch auch unglaublich allgemein gültig und universell einsetzbar. Der Zusammenhang zwischen den einzelnen Variablen besteht darin, dass es entweder eine hohe Motivation und/oder hohe Fähigkeiten braucht, damit ein Trigger das gewünschte Verhalten auslösen kann.

Die Kunst ist es, die Kernmotivation zu erkennen und freizulegen und den Grad der benötigten Fähigkeiten durch Simplifizierung zu optimieren. Diese von Fogg genannten Faktoren sind damit das Kondensat aller in den vorherigen Modellen genannten Faktoren, ausgenommen Tools, Methodik und Strategie. Im Folgenden sollen die einzelnen Variablen erläutert werden:

---

6    http://www.behaviormodell.org/
7    B. J. Fogg, Persuasive Technology: Using Computers to Change What We
     Think and Do, Morgan Kaufmann, 2002, ISBN 1558606432

entwickler.press

1. *Motivation*: Die Grundlage für jede Handlung ist die Bereitschaft zu Handeln, also die Motivation der Nutzer. Sie kann unterschiedlich stark ausgeprägt sein. Laut Fogg liegen hinter den meisten Motiven von fast allen Menschen drei Kernmotive: Sensation, Antizipation und soziale Bindung. Jedes dieser drei Kernmotive ist als bipolare Skale zu verstehen:

- Sensation: Vergnügen vs. Schmerz

- Antizipation: Hoffnung vs. Angst

- Soziale Bindung: Anerkennung vs. Ablehnung

Damit sind die Grundlagen für menschliche Motive sehr abstrakt definiert. Es lässt sich jedoch ähnlich wie beim RGB-Modell zur Erzeugung von Millionen von Farbtönen aus drei Grundfarben für die meisten Angebote, Produkte und Dienstleistungen tatsächlich die passende Kombination aus Kernmotiven finden, die den Reiz der Sache für die meisten Menschen ausmacht.

2. *Fähigkeit*: Die Technologie erfordert in besonderem Maße, dass Nutzer überhaupt zur Durchführung einer Handlung befähigt werden. Damit bezieht sich Fogg jedoch nicht nur auf rein funktionale Aspekte der Nutzung. Der Einfluss auf die Fähigkeiten hängt von weitaus mehr Faktoren ab:

- Zeit

- Geld

- Körperlicher Aufwand

- Kognitiver Aufwand

- Soziale Abweichungen

- Fehlende Routine

Der Schlüssel zur Veränderung der Handlungsbereitschaft ist Simplizität. Alles, was Menschen stärker befähigt, egal in welcher der oben genannten Dimensionen, erhöht die Wahrscheinlichkeit zur Handlung.

3. *Trigger*: Der Trigger ist der eigentliche Auslöser der Handlung. Ohne Trigger gibt es keine Handlung, keinen Klick, keine Konversion. Der Trigger muss dem Nutzer klar machen, dass er jetzt handeln soll. Das Modell unterscheidet drei unterschiedliche Trigger:

- Facilitator: nötig bei hoher Motivation aber geringen Fähigkeiten/hoher Komplexität. Typisches Beispiel: Onlineberater, die Schritt für Schritt bei der Bewältigung einer Aufgabe helfen.

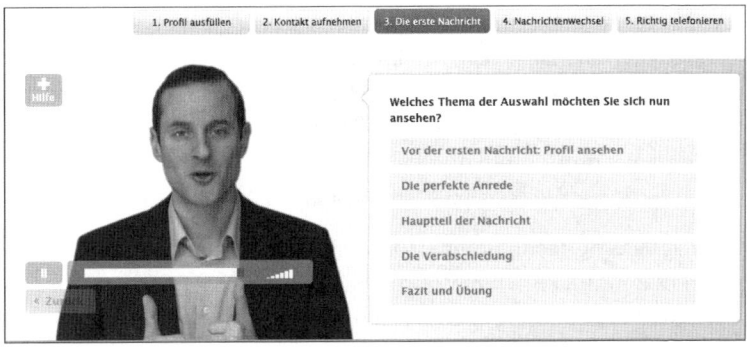

**Abbildung 3.4:** Interaktiver Onlineberater für komplexe Beratungsthemen (Quelle: motivado.de)

- Signal: Bei hoher Motivation und einfachen Aufgaben/hohen Fähigkeiten genügt oft ein einfaches Signal, ein Button oder ein Link, um einen Handlungsprozess zu starten.

- Spark: Bei niedriger Motivation und einfachen Aufgaben sind Trigger manchmal im Sinne eines „zündenden Funkens" zu verstehen, ein kleiner Hinweis oder eine unauffällige Frage, die den Nutzer ein Stück näher zum gewünschten Verhalten bringt. Diese Form der Conversion ist vergleichbar mit den Micro-Conversions, die sowohl im READY-Framework von ion interactive als auch im Conversion Framework von Invesp gefordert werden.

B. J. Fogg erwähnt die E-Mail zur Aktivierung von Facebook-Nutzern, die längere Zeit inaktiv waren, als Beispiel für diese Form von Trigger.

**facebook**

Hallo Web,

Du warst in letzter Zeit nicht auf Facebook. Während du weg warst, hast du Benachrichtigungen erhalten.

✉ **1**
**Nachricht**

🖼 **6 Foto-**
**Markierungen**

👥 **6**
**Freundschaftsanfragen**

Melde dich bei Facebook an und vernetze dich erneut mit deinen Freunden

**Anmelden**

Grüße,
Das Facebook-Team

**Klicke auf den folgenden Link, um dich bei Facebook anzumelden:**
http://www.facebook.com/n/?find-
friends%2F&mid=4e9776eG5af31cae3eb6G0G2b&bcode=mHeNtZME&n_m=andre.morys%40web-arts.de

**Abbildung 3.5:** Erinnerungs-E-Mail von Facebook bei längerer Zeit der Inaktivität

Diese E-Mail ist nur der zündende Funke für eine weitergehende Handlung. Aufgrund der Annahme, dass die Inaktivität das Resultat einer geringen Nutzermotivation ist, ist nur eine sehr kleine und einfache Handlung gefordert. Erst im zweiten Schritt vertieft Facebook die Handlungsaufforderung und liefert mehrere Möglichkeiten.

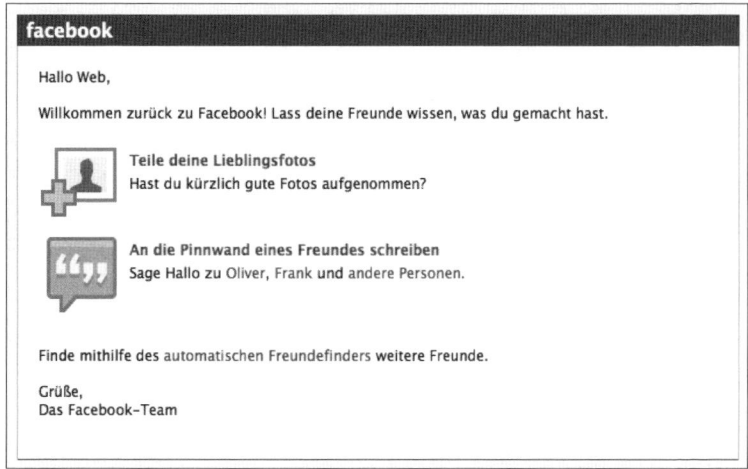

**Abbildung 3.6:** Vertiefende Handlungsaufforderungen von Facebook im zweiten Schritt

## Mein persönliches Fazit

Hinter dem Modell von B. J. Fogg steckt jahrelange wissenschaftliche Forschung eines anerkannten Psychologen und Buchautors. Die dargestellten Mechanismen sind allgemein und universell gültig, das ist auch das Ziel dieses Modells. Spannend ist die Unterscheidung unterschiedlicher Trigger je nach Komplexität und Nutzermotivation. Diesen Zusammenhang sucht man in anderen Modellen vergeblich. In der Praxis ist das Modell jedoch eher als Gedankenstütze für die grundsätzlichen Konversionsfaktoren gedacht. Aufgrund des hohen Abstraktionsgrads eignet es sich bei der täglichen Arbeit nur bedingt zur Gewinnung von Hypothesen zur konkreten Optimierung von Websites, Onlineshops oder Landing Pages.

# 4 Die sieben Ebenen der Konversion

## 4.1 Wie dieses Modell entstand

Man könnte nach dieser kurzen Einführung in Conversion-Frameworks meinen, es ist genug gesagt worden. Dennoch stören mich an den genannten Modellen einige Details: entweder fehlen wichtige Komponenten oder die Modelle sind zu abstrakt. Manche Dinge sind zu konkret und die Vermischung von operativen und strategisch-methodischen Aspekten ist auch nicht hilfreich. Dazu kommt, dass ich das bereits beschriebene Sieben-Ebenen-Modell völlig unabhängig von den zuvor genannten Modellen entwickelt habe. Das hat einen wichtigen Grund: Seit mehr als zehn Jahren führe ich nun Nutzertests durch. Echte Onlinenutzer werden dabei beobachtet, wie sie auf Websites und Onlineshops surfen und welche Faktoren ihre Motivation beeinflussen. So hatte ich die Gelegenheit, einige hunderte oder vielleicht auch tausende Menschen zu beobachten, während sie versuchten, etwas zu kaufen, ein Hotelzimmer zu buchen, sich auf einer Seite zu registrieren, über Dienstleistungen zu informieren etc. Dabei haben sich in unzähligen Untersuchungen immer wieder Faktoren gezeigt, die unabhängig von Branche, Produkt und Anbieter Gültigkeit hatten.

**Abbildung 4.1:** Die Kaufbarrieren von Shops und Websites werden im MotivationLab untersucht

Jede einzelne dieser Untersuchungen förderte unzählige Schwachstellen zu Tage. Schon sehr früh wurde klar, dass viele dieser Schwachstellen keine funktionalen Ursachen hatten. Es fanden sich demotivierende Elemente, ohne dass die Nutzer gefordert waren, ohne die Seite in irgendeiner Form zu bedienen. So wurde recht schnell klar, dass es relevante Faktoren geben muss, die die Konversionsrate beeinflussen und die außerhalb der Usability-Heuristiken[1] lagen.

Eines der prägenden Erlebnisse bei uns war die Analyse eines marktführenden Reiseportals. Die Teilnehmer dieses Nutzertests fanden selbst für schwierigste funktionale Aufgaben, die wir zuvor als Usability-Problem eingestuft hatten, Lösungen und Workarounds. Am Ende der Analyse fanden wir zwar keine schwerwiegenden Usability-Probleme, keiner der Nutzer aus dem Labor wollte jedoch seine Reise auf dem Portal unseres Kunden buchen. Fast alle Teilnehmer entschieden sich am Ende für das Portal eines Wettbewerbers. Erst

---

1   *http://www.useit.com/papers/heuristic/heuristic_list.html*

**entwickler.press**

die darauf folgende Befragung am Ende machte deutlich, dass die Bilderwelten und die gesamte Aufmachung der Seite dafür verantwortlich waren, dass die Nutzer die favorisierte Seite einfach attraktiver fanden. Sie hatten das Gefühl, dass diese Seite einfach besser zu dem passt, was sie wirklich suchten. Und so war die erste Ebene des Sieben-Ebenen-Modells geboren: Relevanz. In diesem Fall in Form von impliziten Codes, Farben und Formen, die dazu beitrugen, dass Nutzer das Gefühl hatten, bei dem einen Portal richtig und beim anderen falsch zu sein.

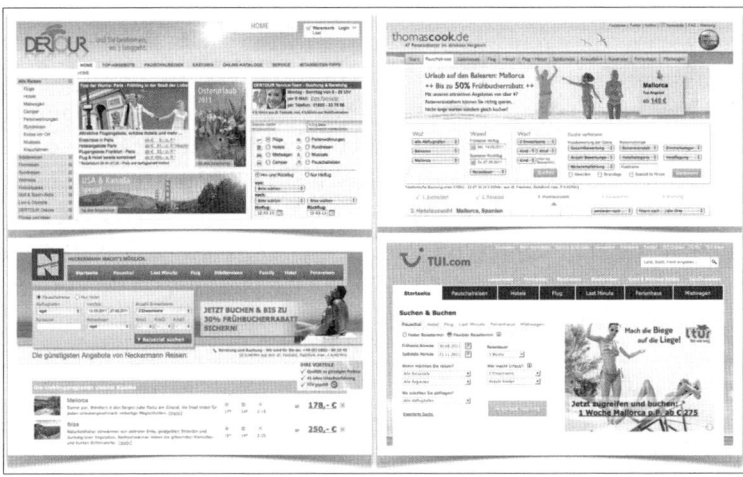

**Abbildung 4.2:** Startseiten unterschiedlicher Reiseportale: Wo würden Sie kaufen?

In den darauf folgenden Jahren wurde das Modell verfeinert. Erkenntnisse aus der Konsumpsychologie und Verhaltensökonomik flossen mit ein, ebenso die Spieltheorie. Unter den zahlreichen Motivationsmodellen der Psychologen fand sich eine spannende Erkenntnis in Heckhausens Rubikon-Modell der Handlungsphasen[2]. Dieses Mo-

---

2    *http://de.wikipedia.org/wiki/Rubikonmodell_der_Handlungsphasen*

dell zeigt, dass Nutzer im Vorfeld den möglichen Aufwand und die möglichen Konsequenzen einer Handlung abschätzen und mit dem zu erwartenden Nutzen verrechnen. Eine Handlung entsteht erst in dem Moment der Sicherheit, in dem klar wird, dass das Verhältnis zwischen Kosten und Nutzen positiv ist. Heckhausen beschreibt diesen Moment mit der Analogie der Überquerung des Flusses Rubikon und bezieht sich damit auf ein historisches Ereignis, bei dem klar wird, dass es kein Zurück mehr geben wird.

In den letzten zehn Jahren sind einige bekannte Modelle aus dem Praxiswissen des Vertriebs und des Verkaufens eingeflossen. So zeigt beispielsweise das Modell des „Solution Selling"[3]-Autors Michael T. Bosworth aus den 1990er Jahren, wie sich verschiedene Faktoren, die potenzielle Kunden in Einklang bringen wollen, im Laufe einer Kaufentscheidung verändern. Die wichtigste Beobachtung, die das Sieben-Ebenen-Modell von den anderen Frameworks unterscheidet, begründet sich in dem Modell von Bosworth: In unterschiedlichen Kaufphasen sind unterschiedliche Faktoren wichtig. Das deckte sich mit meinen Beobachtungen aus dem MotivationLab.

---

3   Michael T. Bosworth: Solution Selling: Creating Buyers in Difficult Selling Markets, 1994, Mcgraw-Hill Professional, ISBN 0786303158

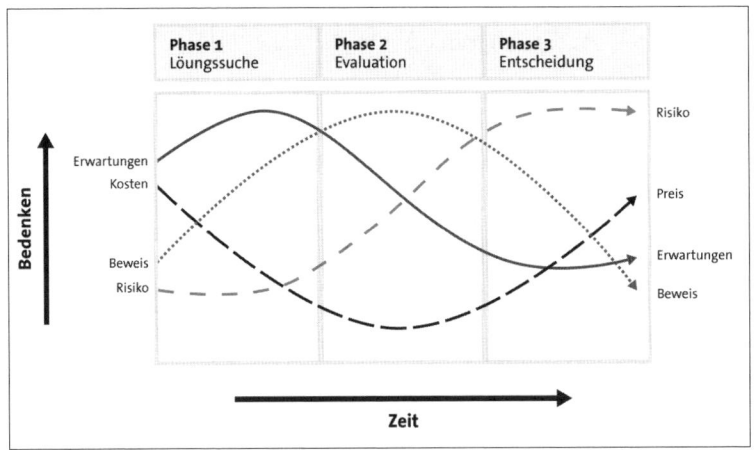

**Abbildung 4.3:** ich verändernde Entscheidungsfaktoren im Laufe des Kaufprozesses nach Michael T. Bosworth[4]

Suchen die Käufer zu Beginn noch nach der passenden Lösung, so werden sie kurz vor Abschluss des Kaufs letzte Risikofragen klären, zum Beispiel „Was ist mit der Garantie?" oder „Wo kann ich anrufen, wenn das Ding kaputt ist?". Erfahrene Verkäufer können anhand solcher Fragen erkennen, dass sich der potenzielle Kunde bereits zum Kauf entschlossen hat und nur noch versucht, mögliche Risiken zu minimieren. Und so ist eine der letzten Phasen des Modells der Faktor „Sicherheit", bei dem Nutzer auch online noch kurz vor dem Abschicken einer Bestellung überprüfen, welche Garantien und Kundenservice- oder Rückgabemöglichkeiten existieren. Alle meine Beobachtungen der Menschen in Testlaboren, die Erkenntnisse aus Tests und Experimenten sowie die zahlreich existierenden Modelle zur Erklärung von Kundenentscheidungen habe ich vor einiger Zeit im Modell der „Sieben Ebenen der Konversion" vereint. Dieses zeigt

---

4    http://www.kickstartall.com/documents/KS_Articles/ProcessAsCompetitiveAdvantage.html

die relevanten Entscheidungsfaktoren aus Kundensicht, der zeitliche Ablauf spielt bei diesem Modell eine wichtige Rolle.

## 4.2 Die sieben Ebenen im Überblick

Folgende sieben Kernfaktoren spielen beim Entscheidungsprozess von Onlinenutzern eine zentrale Rolle. Die Faktoren folgen in ihrem Ablauf in etwa dem inneren Dialog und Kaufprozess der Kunden:

- *Ebene 1: Relevanz – Bin ich hier überhaupt richtig?* In den letzten fünf Jahren hat sich das Informationsangebot verzehnfacht. Die Aufmerksamkeitsspanne der Konsumenten sinkt ebenso wie die Klickraten, die menschlichen Filter zur Selektion der wirklich relevanten Informationen und Angebote werden immer schärfer und lassen weniger durch. In den ersten Sekunden der Konfrontation mit einem potenziellen Angebot geht es daher ausschließlich um die Frage „Bin ich hier überhaupt richtig?".

- *Ebene 2: Vertrauen – Kann ich diesem Angebot vertrauen?* In der realen Welt erkennen wir innerhalb von Millisekunden anhand verschiedener Faktoren, ob ein Ladengeschäft seriös ist oder nicht. Ganz ähnlich ist es in der Onlinewelt, nur weichen die Faktoren ganz leicht ab. Die geringsten Anzeichen für fehlende Vertrauenswürdigkeit (engl. Credibility) lassen uns Zweifeln und beenden unseren Besuch, noch bevor er begonnen hat.

- *Ebene 3: Orientierung – O.K., wo muss ich jetzt entlang?* Die Ware im Schaufenster war ansprechend, ich will mehr sehen und betrete den Laden. Auf einmal stehe ich Mitten in einem riesigen Angebot auf einer Fläche, die um ein Vielfaches größer war als das Schaufenster. Auch in dieser Situation sorgen die schärfer eingestellten Filter der Konsumenten dafür, dass die Geduld sinkt und viele Nutzer vorzeitig abbrechen, statt sich weiter auf die Suche zu machen.

- *Ebene 4: Stimulanz – Kaufe ich das jetzt oder schaue ich noch weiter?* Nach wenigen Klicks steht der Nutzer im Idealfall vor dem gewünschten Produkt. „Finde ich das wo anders noch günstiger?" 94 Prozent der Nutzer haben inzwischen abgebrochen, sagt die Studie „Konversionsraten deutscher Onlineshop". Warum sollten Nutzer ausgerechnet jetzt kaufen? In der vierten Ebene geht es also darum, den eigentlichen Moment der Kaufentscheidung, das Persuasion Momentum, derart zu gestalten, dass Nutzer zu Kunden werden.

- *Ebene 5: Komfort – Ist das jetzt kompliziert?* Ist die Entscheidung einmal gefallen, steht im Sinne der Kaufmotivation noch ein langer Weg zwischen dem Klick auf den Warenkorb und dem Checkout. Das menschliche Gehirn ist eine Aufwand- und Gefahrenvermeidungsmaschine mit sensiblen Fühlern. Im Zentrum dieser Phase des Kaufprozesses steht daher die Frage, wie sich dieser Prozess maximal vereinfachen lässt.

- *Ebene 6: Sicherheit – Gebe ich meine Telefonnummer preis?* Ganz kurz vor dem Ziel tauchen noch einmal Zweifel auf, die Sensibilität für potenzielle Risiken ist enorm hoch. Die Preisgabe von Kreditkartendaten, Telefonnummern und allen anderen Informationen mit hohem Wert stellen eine Barriere dar.

- *Ebene 7: Bewertung – War das jetzt wirklich richtig?* Die gesetzliche Rückgabefrist beträgt 14 Tage, und gegen hohe Retourenquoten nützt die beste Konversionsrate nichts. Konsumpsychologen wissen: Je stärker der Kauf impulsgetrieben war, desto stärker kommen danach die Zweifel. In der so genannten Post-Mortem-Analyse schleicht sich bei negativem Ergebnis der Zweifel in das Bewusstsein des Käufers. Gute Verkäufer kennen den Effekt und geben ihren Kunden rationale Gründe und Bestärkungen mit auf den Weg, um diesen Effekt zu vermeiden.

**Abbildung 4.4:** Die Sieben Ebenen der Konversion (© André Morys 2008 - 2011)

Anhand dieses Ablaufs wird schnell deutlich, wo die wichtigsten Bedrohungen der Konversionsrate sitzen und an welchen Ebenen bekannte Systeme und Methoden ansetzen, die sich mit Conversion-Optimierung beschäftigen.

## 4.3    So wenden Sie das Modell an

Je nach dem, was Ihre Aufgabe ist, können Sie das Framework auf unterschiedlichen Abstraktionsebenen einsetzen. So helfen die Überschriften der Ebenen und die Primärfragen bereits, die Qualität von Grobkonzepten oder Wireframes zu überprüfen. Sie können als thematische Gesprächsgrundlage dienen, im Austausch zwischen Designer und Auftraggeber, sie können aber auch in Brainstormings zur Optimierung bestehender Konzepte als Leitfaden genutzt werden. Zusammen mit den entwickelten Personas helfen sie, aus dem Blickwinkel der Nutzer zu schauen. Personas geben dem Nutzer einen Namen, ein Gesicht und einen Charakter. Das Sieben-Ebenen-Modell stellt die Fragen, die diese Nutzer haben. Damit lassen sich die sieben Ebenen der Konversion schon sehr früh und auf sehr abstrakten Ebenen einsetzen:

**Abbildung 4.5:** Sieben-Ebenen-Kärtchen neben Wireframes

Die Faktoren des Sieben-Ebenen-Modells helfen bei der Argumentation, vor allem dann, wenn es darum geht, Veränderungen auch gegen persönliche Geschmäcker zu verteidigen und voranzutreiben. Das Modell stellt die Konversion als Ziel in den Mittelpunkt. Dadurch werden auf der Ebene der konkreten Handlungsempfehlungen gezielte Anpassungen ableitbar, die im Idealfall über ein A/B- oder multivariaten Test überprüft werden können. Damit eignet sich das Framework als Generator für Hypothesen. Es dient im Conversion-Prozess als gezielte Anleitung zur Analyse unterschiedlicher Seitentypen und Inhalte, also wie eine Art Schablone.

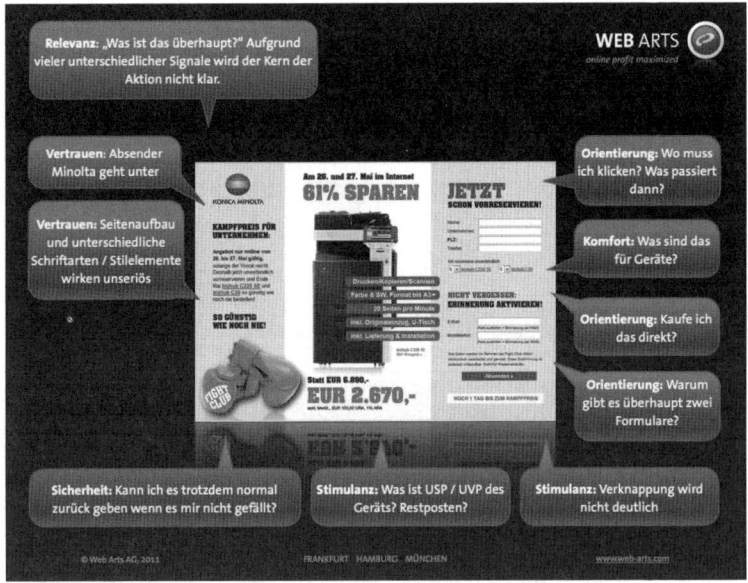

**Abbildung 4.6:** Analyse einer Website mithilfe des Sieben-Ebenen-Modells

Im oben abgebildeten Beispiel sehen wir, wie jedes einzelne Element der Seite in Bezug auf die sieben Ebenen analysiert wird und daraus konkrete Maßnahmen abgeleitet werden können. Das Sieben-Ebenen-Modell sorgt dafür, dass keiner der für die Konversion verantwort-

**entwickler.press**

lichen Faktoren übersehen wird und die Analyse nicht nach Bauchgefühl und subjektiven Erfahrungen heraus stattfindet. In diesem Beispiel hatte die mithilfe des Sieben-Ebenen-Modells optimierte Version der Seite einen Uplift von rund 800 Prozent (gemessen an der realen Verkaufsleistung).

Was kann das Sieben-Ebenen-Modell als Framework nicht? Ein Framework, egal welches, dient als Rahmen, es definiert die Leitlinien zur Generierung von Hypothesen. Die Interpretation ist jedoch immer noch subjektiv, unterschiedliche Menschen werden trotz Framework zu unterschiedlichen Ergebnissen kommen. Daher kann und soll ein Framework nicht die quantitative Validierung von Hypothesen mithilfe eines Tests ersetzen. Die Arbeit mit dem Framework ermöglicht eine systematischere Analyse, es verringert das Risiko, dass Schwachstellen und Optimierungsmöglichkeiten übersehen werden. Es produziert mehr Input und effektivere Hypothesen, es ersetzt aber nicht das Durchtesten der Hypothesen. Ebenfalls unersetzlich, trotz systematischer Arbeit mit einem Framework, sind Nutzertests. Der Input realer Nutzer (erinnern Sie sich noch an die Resultate aus dem Test zu Beginn?) ist selbst in kleinsten Mengen hilfreich. Die Meinungen echter Nutzer differenzieren und priorisieren die Faktoren, die sie mithilfe der expertenbasierten Analyse produzieren können. Selbst ein so kurzer Test, wie der eingangs beschriebene Fünf-Sekunden-Test, produziert ebenfalls viele Hypothesen. Der Einsatz beider Methoden optimiert die Bandbreite der Ergebnisse; die Nutzer „stolpern" nicht über alle Schwachstellen, und auch die Analyse mithilfe des Frameworks kann die subjektive und emotionale Wirkung einer Seite auf den Nutzer nicht simulieren. Beide Methoden zusammen haben bei der Generierung von Hypothesen zur Optimierung die höchste Wirksamkeit. Wie die wichtigsten Methoden und Tools, die Sie im ersten Schritt benötigen, zusammenspielen, erfahren Sie im nächsten Abschnitt.

## 4.4 Setup: Machen Sie sich bereit zur Conversion-Optimierung

Die nötigen Schritte, um erste Erfolge im Bereich der Conversion-Optimierung zu erzielen, sind einfach und schnell getan. Damit Ihre eigenen Conversion-Optimierungsprozesse ins Laufen kommen, sind vier wichtige Schritte zu tun, die wie folgt aussehen:

### 4.4.1 Empfehlenswert: Entwickeln Sie Personas

An verschiedenen Stellen haben Sie es sicher bereits bemerkt: Das Wissen über Ihre Kunden, deren Wünsche, Erwartungen und Bedenken, ist eine wichtige Grundlage, um Ihr Angebot zu optimieren. Es sind die Nutzer, die darüber entscheiden, wie hoch Ihre Konversionsrate und damit ihr betriebswirtschaftliches Ergebnis ist. Es empfiehlt sich, im Team mit Kollegen, die echten Kontakt zu realen Kunden haben, typischen Kundenprofilen einen Namen, ein Gesicht und einen Charakter zu geben. Im Idealfall sitzen Sie dazu wenige Stunden zusammen. Fangen Sie mit ein paar Porträtfotos von Menschen an, die Sie bei Google oder einem Stock-Foto-Anbieter finden. Fangen Sie mit einem passenden Bild an, geben Sie dem Gesicht einen Namen und entwickeln Sie gemeinsam die Persona weiter. Sie werden sehen, wie schnell Sie ein Gefühl dafür entwickeln, was Ihren Kunden wirklich wichtig ist.

Die Personas sind eine wichtige Schablone, um Konzepte und Seiten zu analysieren. Es geht nicht darum, dass Personas maximale Validität haben oder alle Kundengruppen in voller Breite abdecken. Es zählen viel mehr die Tiefe und die Qualität, in der Sie die Grundzüge der Motive und Ängste der Menschen skizzieren.

---

**BUCHTIPP:** Eine gute Anleitung zur Entwicklung von Personas finden Sie in dem Buch „The User Is Always Right: A Practical Guide to Creating and Using Personas for the Web" von Steven Mulder und Ziv Yaar. Auflage 1, New Riders Publ. (21. August 2006), ISBN 0321434536.

---

## 4.4.2 Empfehlenswert: Machen Sie einen kleinen Nutzertest

Die Durchführung eines kleinen Nutzertests, wie er zu Beginn dieses Buchs beschrieben wurde, kostet wenig Zeit und liefert bereits wertvolle Hinweise. Das Verhalten echter Nutzen zu beobachten, schärft Ihren Blick für das Wesentliche und trainiert Ihre Fähigkeit, mögliche Conversion-Barrieren in Zukunft auch selbst erkennen zu können. Bei der Durchführung von Nutzertests ist es ähnlich wie mit vielen anderen Dingen: Man kann mit wissenschaftlichen Methoden und komplexen Testkonstruktionen immer mehr herausholen und die Validität der Ergebnisse dramatisch steigern. Solche Untersuchungen kosten dann aber auch viel Geld. Der schlechteste Nutzertest ist meiner Meinung nach überhaupt kein Nutzertest, daher empfehle ich Ihnen, einfach selbst so einen Test mit Bordmitteln durchzuführen und die Erfahrungen zu verarbeiten. So lange Sie nicht jedes Nutzerfeedback undifferenziert in einen sofortigen Relaunch verarbeiten, kann nichts schiefgehen.

---

**BUCHTIPP:** Ein sehr praxisnahes Buch zur Durchführung von Nutzertests und nicht nur zur Usability-Optimierung liefert der Don't-make-me-Think-Autor Steve Krug: „Web Usability – Rocket Surgery Made Easy", Addison Wesley (16. Juni 2010), ISBN 3827329744.

---

## 4.4.3 Implementieren Sie ein Testing-System

Dieser Schritt ist nicht nur empfehlenswert, er ist eine Pflicht. Sie kommen nicht daran vorbei, die Hypothesen aus qualitativen Methoden, zum Beispiel den Nutzertests oder auch später die Ergebnisse aus der Analyse mit dem Sieben-Ebenen-Modell, in Form von A/B-Tests zu validieren. Nur in Kombination mit Testing wissen Sie, was wirklich funktioniert. Alles andere ist Spekulation, Kaffeesatzleserei oder Hokus-Pokus. In der Vergangenheit habe ich sehr oft mit erleben müssen, wie Optimierungskonzepte direkt umgesetzt und ausgerollt wurden, und das ohne Test. Auf meinen Rat, die Varianten zu testen, hieß es meist „Das ist doch so offensichtlich, dass das besser ist, das müssen wir nicht testen!". Hinzu kommen falsche Vorurteile über das Testing, den benötigten Traffic oder die technische Einbindung.

Fakt ist, ein Testing-System liefert weder Datenschutzprobleme noch kostet es Ladezeit in einem nicht vertretbaren Aufwand. Die Implementierung ist bei den meisten Systemen denkbar einfach, erste Gehversuche mit einfachen Systemen liefern schnelle Erfolge.

Die Probleme ohne ein Testing-System sind mittel- bis langfristig zweifelsfrei größer.

---

**BUCHTIPP:** Konkrete Anleitungen und Hilfestellung zur Implementierung eines Testing-Systems und zur Durchführung der ersten Tests finden Sie in „Website-Testing: Conversion Optimierung für Landing Pages und Online-Angebote" von Frank Reese, Auflage 1, Businessvillage (4. Juni 2009), ISBN 3938358580.

---

## 4.4.4 Jetzt geht es los: Hypothesen bilden

Die Grundlagen haben Sie geschaffen. Der wichtigste Arbeitsschritt des Conversion-Optimierers besteht nun darin, möglichst zielsicher die Gründe herauszufinden, die für Abbrüche auf der Website sorgen. Zum einen liefert das Webanalysesystem die quantitativen Informationen darüber, wo am meisten Abbrüche entstehen, zum anderen sorgen Sie mithilfe des im nächsten Kapitel beschriebenen Framework mit einer qualitativen Analyse dafür, die Gründe für diese Abbrüche zu identifizieren. Beide Methoden vereint sagen Ihnen, an welcher Stelle wie viele Besucher aus welchen Gründen abspringen. Damit haben Sie die Grundlage, um Hypothesen zur Optimierung zu bilden. Nutzen Sie das nachfolgende System Ebene für Ebene und Seite für Seite und sammeln Sie alle Schwachstellen und Potenziale zur Verbesserung, die ihnen mithilfe des Sieben-Ebenen-Modells einfallen. Priorisieren und gruppieren Sie die gefundenen Schwachstellen und priorisieren Sie sie je nachdem, wie hoch die Abbrüche an dieser Stelle sind und wie schwerwiegend Sie den Einfluss der Schwachstelle einschätzen. Die Personas helfen Ihnen dabei, diese Einschätzung zu treffen. Keine Sorge, Ihre Schätzung muss nicht einhundertprozentig richtig sein, Sie werden den Einfluss Ihrer Hypothese auf die tatsächliche Konversionsrate später im A/B-Testing genau identifizieren können. Die Priorisierung dient dazu, dass Sie die Dinge in der richtigen Reihenfolge tun, wenn möglich, die wichtigsten und wirksamsten Dinge zuerst. Im nächsten Kapiteln beschreibe ich die sieben Ebenen mit ihren einzelnen Teilaspekten und gebe konkrete Tipps für Optimierungsmaßnahmen. Jede Ebene ist so aufgebaut, dass ich zunächst die Grundlagen erkläre. Danach folgen einzelne Aspekte, die einen starken Einfluss auf diesen Faktor haben, und jeweils gezielte und konkrete Tipps zur Optimierung.

# 4.5 Relevanz

Die Primärfragen, die sich Nutzer auf einer Website beziehungsweise in einem Onlineshop stellen, sind folgende:

- Wo bin ich hier?

- Bin ich überhaupt richtig?

- Passt das, was ich sehe, zu dem, was ich suche?

- Wird dieser Anbieter meinen Anforderungen gerecht?

- Ist das für Leute, wie mich?

Wir haben als Menschen und Onlinenutzer alle ein Problem mit dem Informationsüberfluss. Versetzen Sie sich in die Lage eines Onlinenutzers: Nachdem Sie einen Suchbegriff in einem Onlineshop oder einer Website eingegeben haben, kommt eine Liste mit hunderten oder gar tausenden Ergebnissen. Zu wenige Ergebnisse sind schon unbefriedigend, aber zu viele? Wie lässt sich daraus jetzt das Passende herausfinden? Bei Google müssen Sie sogar aus hunderttausenden oder Millionen Resultaten etwas Passendes finden.

Jeden Tag prasseln Unmengen an Werbebotschaften auf uns ein. Unser Gehirn verarbeitet viele Megabyte Informationen pro Tag. Damit das überhaupt funktioniert, ist das menschliche Gehirn mit dem Thalamus[5] mit einem leistungsfähigen Informationsfilter ausgestattet, der aus einer Flut von vielen Megabits pro Sekunde an Daten die Informationen in Echtzeit herausfiltert, die derzeit relevant sind. Das ist deshalb nötig, weil unser Bewusstsein mit einer wesentlich geringeren Geschwindigkeit Daten verarbeiten kann. Das Resultat dieser Mechanismen in unserem Kopf ist, dass Onlinenutzer auf der ersten Suchergebnisseite bei Google innerhalb weniger Millisekunden erkennen, welche Einträge passen könnten, und welche nicht. Das hat

---

5   *http://de.wikipedia.org/wiki/Thalamus*

entwickler.press

in diesem Beispiel viel mit der Übereinstimmung von Begriffen zu tun. Zusätzlich haben wir als Internetnutzer aber schnell verstanden, wie wir einen passenden von einem unpassenden Eintrag unterscheiden können.

Ähnliches passiert beim Aufruf einer zunächst unbekannten Internetseite. Das Gehirn überprüft innerhalb von Millisekunden, ob das, was dort zu finden ist, überhaupt zu dem passen könnte, was gesucht wird. Im ersten Durchlauf scannen die Augen die Seite nach passenden Inhalten ab. Sie überfliegen die Einträge der Navigationsleiste, um sich ein Bild des Angebots zu machen. Der Nutzer überprüft Bilder und Überschriften nach den gewünschten Inhalten. Er schätzt die Positionierung und den Anspruch des Anbieters blitzschnell auf Basis der Wahrnehmung der ersten Sekunden ein und macht sich ein Bild, ob es zu seinen Erwartungen passt. Geringste Abweichungen von unserer Erwartung bestrafen wir sofort mit dem „Zurück"-Button, denn wir wissen ja, dass wir genügend Auswahl haben. Wenn es auf dieser Seite nicht zu finden ist, dann wird sich innerhalb weniger Sekunden ein anderes Angebot finden lassen. Die Menge der Informationen und die Leichtigkeit, in der wir im Internet das Angebot wechseln können, macht die Arbeit der Relevanzfilter noch wichtiger. Im Internet sind kritische Konsumenten stets auf der Hut und brechen lieber vorschnell ab, als einem Anbieter noch eine Chance zu geben.

Neurowissenschaftler haben herausgefunden, welche Rolle das Gehirn beziehungsweise der Thalamus und das limbische System bei dieser Filterung spielen und welchen Einfluss Persönlichkeit, Werte und Einstellungen der Nutzer dabei haben[6]. Hinzu kommen Effekte wie die selektive Wahrnehmung, die dafür sorgt, dass wir die Dinge, die gerade in unserem Kopf sind, deutlicher sehen, als andere.

---

6    „Neuromarketing: Grundlagen- Erkenntnisse- Anwendungen" von Gerhard Raab, Oliver Gernsheimer, Maik Schindler, S. 101ff, Gabler Verlag 2009, ISBN 3834918318

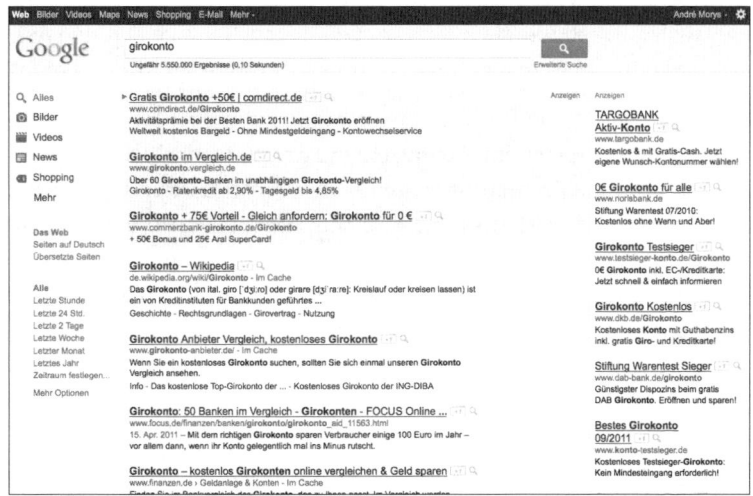

**Abbildung 4.7:** Wer nach einem Girokonto sucht, braucht starke Relevanzfilter (und Nerven) – über fünf Millionen Ergebnisse, und auf der ersten Seite sieht alles gleich aus

Wir kennen die Leistungsfähigkeit unserer Relevanzfilter auch aus ähnlichen Situationen in der Realität: Wenn wir beispielsweise nach einem passenden Ladengeschäft in einer fremden Umgebung suchen. Unser Gehirn antizipiert aufgrund weniger Sinneseindrücke wie dem Namen, der Beschilderung und Aufmachung, welches Sortiment in welcher Qualitätsstufe verfügbar ist. Wir vermeiden es, Dinge auszuprobieren, die unser Gehirn als „mit hoher Wahrscheinlichkeit nicht erfolgreich" einstuft. Dabei ist diese Einstufung stets ein Gefühl auf Basis weniger Indikatoren. Nur selten sind wir so verzweifelt, dass wir auch der unpassendsten Gelegenheit eine Chance geben und Zeit und Energie investieren und auch an den merkwürdigsten Orten anfangen zu suchen.

Sie kennen das aus dem eigenen Verhalten? Dann kennen Sie auch die umgekehrte Realität aus Sicht des Shop- oder Portalbetreibers: die Bounce-Rate. Der eine oder andere fragende Blick taucht beim Inter-

entwickler.press

pretieren der Zahlen im Webanalysesystem schon auf, vor allem wenn man sieht, das 40, 50 oder gar 70 Prozent der Besucher die Seite bereits nach wenigen Sekunden wieder verlassen. Viele Nutzer warten nicht einmal ab, bis alle Inhalte und Bilder fertig geladen sind. Nein, sie hatten bereits so früh das Gefühl, „nicht das Passende" gefunden zu haben, dass sie den „Zurück"-Button betätigen, noch bevor die Seite fertig geladen ist.

## 4.5.1 Klarheit als Grundlage für Relevanz

Ich sage es gleich, wie es ist: Sie haben zwei Sekunden Zeit. Der bis heute stark verbreitete Glaube an das AIDA-Modell[7] und die damit verbundene Überladung von Websites und Onlineshops ist daher einer der größten Relevanz- und Conversion-Killer im Web.

Seit 1898 hält sich das AIDA-Modell als Wirkungsmodell von Werbung sehr hartnäckig. Die Buchstaben stehen für die vier Phasen der Kaufentscheidung: A steht für Attention; Wie erhalte ich die Aufmerksamkeit der Zielgruppe? I steht für Interest; Wie schaffe ich es, dass das Angebot für den Nutzer interessant ist? D steht für Desire; Was muss passieren, damit potenzielle Kunden mein Angebot „begehrenswert" finden? Und A steht schließlich für Action; Aus diesem Ablauf folgt im letzten Schritt die Aktion. Klingt alles plausibel, wo ist aber der Fehler in diesem Modell? Die erste Phase (A = Attention) geht davon aus, dass ich mit allen Mitteln die Aufmerksamkeit der Zielgruppe erhalten muss, unabhängig von der darauf folgenden Phase (I = Interest). Das Ergebnis: Unterbrechungskonzept im Fernsehen, Werbe-Layer, die sich über die Website legen, laute und aufdringliche Werbung, der Glaube daran, die Botschaft möglichst oft zu wiederholen und breit zu streuen, um maximale Wirkung zu erzielen.

---

7  *http://de.wikipedia.org/wiki/AIDA-Modell*

Die Realität sieht anders aus. Unser Gehirn ist mit Filtern ausgestattet, die es den Werbern heute kaum noch möglich machen, ihre Zielgruppen wirklich effektiv zu erreichen. Klickraten sinken, die Aufmerksamkeitsspanne nimmt immer weiter ab[8]. Im TV wird noch in 30-Sekunden-Formaten konzipiert, in YouTube und auf Landing Pages sind die meisten Besucher schon nach wenigen Sekunden wieder verschwunden. Selbst nützliche Inhalte werden von Internetnutzern ausgeblendet, wenn sie aufgrund ihrer Aufbereitung mit Werbung verwechselt werden. Das menschliche Gehirn hat innerhalb weniger Jahre Interneterfahrung gelernt, Werbebanner komplett aus dem Gesichtsfeld auszublenden[9].

Das wichtigste Gegenmittel, um in den Kopf des Konsumenten überhaupt vorzudringen, ist die Relevanz. Das menschliche Bewusstsein erreicht nicht mehr die Botschaft, die am lautesten ist, im Gegenteil. Im Rahmen einer eigenen Studie[10] mit einem MRT (Magnet-Resonanz-Tomographen) konnten wir beweisen, wie stark ein Informationsüberfluss auf Einstiegsseiten emotionale Aktivierung verhindert. Hierzu haben wir die Seiten von shoeguru.ca und zappos.com, beide Schuh-Retailer aus Nordamerika, zehn Probanden gezeigt und die Aktivität in den emotionalen Bereichen ihres Gehirns gemessen.

**Abbildung 4.8:** Die zwei getesteten Websites zappos.com (links) und shoeguru.ca (rechts)

---

8   Burns, John J./Anderson, Daniel R.: Attentional inertia and recognition memory in adult television viewing. In: Communication Research 20, 6/1993, S. 777-799

9   *http://www.useit.com/alertbox/banner-blindness.html*

10   *http://web-arts.com/fmrt-ecommerce-cro.html*

Der Verlauf der Kurve zeigt deutlich, dass zappos.com keine emotionale Aktivierung bei den Probanden hervorruft. Andere Messungen beweisen, dass die kognitive Belastung durch Orientierung, Lesen und Verstehen der Seite immens groß ist.

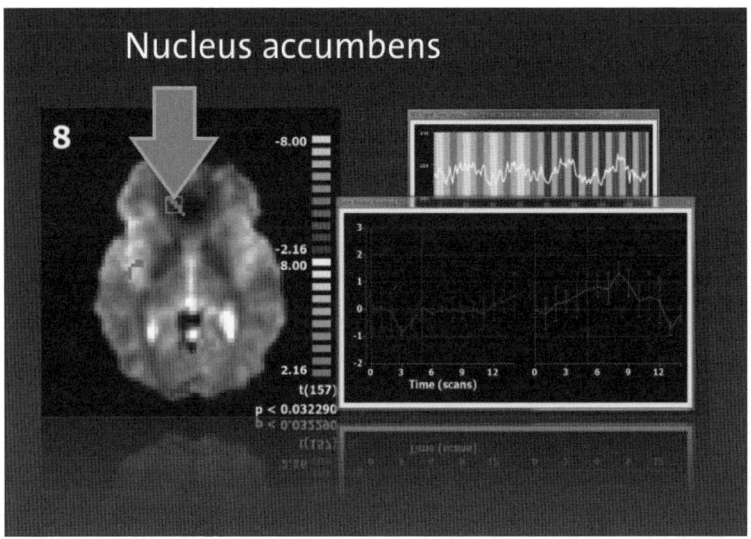

**Abbildung 4.9:** Der fMRT Scan zeigt die Aktivierung im Belohnungssystem (Nucelus Accumbens) im zeitlichen Verlauf für zappos.com (links Kurve) und shoeguru.ca (rechte Kurve)

Ein weiteres Beispiel zeigt deutlich die Kraft einer klar strukturierten Website. Auch wenn es manchmal den Mut erfordert, sich gegen das Zeigen bestimmter Informationen zu entscheiden, wurden in diesem Fall die Verkäufe um über 800 Prozent gesteigert, in dem die Seite „entzerrt" und die Informationen gegliedert wurden:

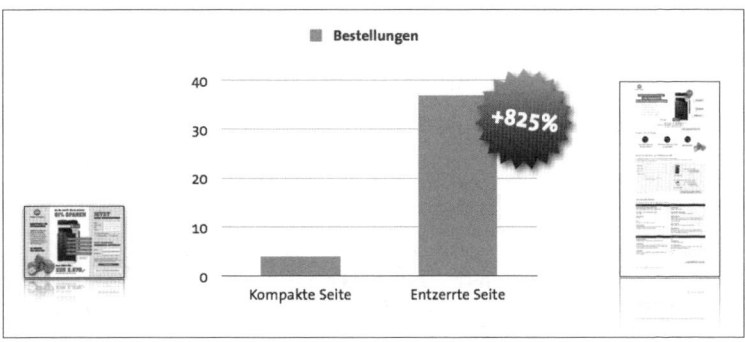

**Abbildung 4.10:** Im A/B-Test zeigt sich die Wirkung einer strukturierten und dadurch relevanten Seite

## 4.5.2 Die vier Säulen der Relevanz

Der Begriff „Relevanz" beschreibt die subjektive Wichtigkeit, die Bedeutung einer Sache. Der Begriff ist eng an die persönlichen Erwartungen einer Person gekoppelt. Dinge sind für Menschen relevant oder von Bedeutung, wenn es zu einer Übereinstimmung zwischen Werten, Erwartungen und Motiven auf der einen und der Wahrnehmung einer Sache auf der anderen Seite kommt. Fehlende Relevanz ist einer der häufigsten Abbruchgründe auf der ersten Seite eines Portals oder Onlineshops. Derlei Abbrüche sind gleichzusetzen mit dem Gefühl der Nutzer, „hier nicht richtig zu sein". Diese Abbruchquote lässt sich nur dann verändern, wenn man versteht, wie das Gefühl der Relevanz entsteht und welche Faktoren dafür verantwortlich sind. Die Faktoren für Relevanz kommen in unterschiedlichen Tiefen und Ausprägungen vor, die nachfolgend in Form der „vier Säulen der Relevanz" zusammengetragen werden sollen.

### 1. Message-Match: Inhalte und Kernaussagen

Es ist eigentlich ganz einfach: Wer nach einem Staubsauger in Google sucht und auf ein Suchergebnis klickt, der erwartet auch einen oder mehrere Staubsauger. Klingt banal? Das Prinzip ist einfach und allgemein gültig, und dennoch schaffen es die meisten Shopbetreiber und Onlinemarketingverantwortlichen in den meisten Fällen nicht, den so genannten Message-Match, also die Übereinstimmung von Suchbegriff und dessen, was nach dem Klick angezeigt wird, herzustellen. Das Beispiel mit dem Staubsauger war auch bewusst sehr konkret. Schwieriger wird es natürlich bei abstrakteren Suchbegriffen. Oder sogar mit Besuchern, die direkt auf der Homepage landen. Jeder Anbieter eines großen Sortiments oder unterschiedlicher Angebote für eine heterogene Kundengruppe stellt sich automatisch die Frage: Was ist das wichtigste? Allerdings wird oft alles Mögliche auf der Seite versucht, als das Allerwichtigste darzustellen, und so landen die meisten Besucher in einem Wust an Informationen und Elementen, die durch ihre Unübersichtlichkeit den Nutzer abschrecken.

Sie erinnern sich an den kleinen Test am Anfang des Buchs? Haben Sie ihn gemacht? Spätestens jetzt sollten Sie es ausprobieren. Ich bin sicher, dass die Teilnehmer Ihres kleinen Tests in nur fünf Minuten zielsicher herausfinden können, ob Sie in wenigen Sekunden auf Ihrer Seite implizit klar machen können, worum es geht. Denn das Fehlen von Relevanz ist oft nicht das Resultat von fehlenden Signalen, es ist oft der Gegenteil der Fall: Eine derartige Überflutung mit Signalen und Informationen, dass der Nutzer überhaupt nicht mehr herausfinden kann, was davon für ihn überhaupt relevant sein soll.

Ein weiterer Effekt kommt dabei noch hinzu: die selektive Wahrnehmung. Vielleicht kennen Sie selbst den Effekt: Kaum haben Sie daran gedacht, ein bestimmtes Automodell anzuschaffen, schon sehen Sie genau dieses Modell an fast jeder Ecke. Falls sie seltener an Autos denken, dann sind es vielleicht Handtaschen oder Handys. Die selektive Wahrnehmung ist eine Eigenart des menschlichen Gehirns, bei dem uns bestimmte Dinge (die wir als Denkmuster gerade im Kopf haben) eher auffallen beziehungsweise andere Dinge, die für uns derzeit nicht wichtig (irrelevant) sind, komplett ausgeblendet werden können. Dabei spielen so genannte Muster eine wichtige Rolle. Der Effekt lässt sich hervorragend mit der folgenden Abbildung erklären.

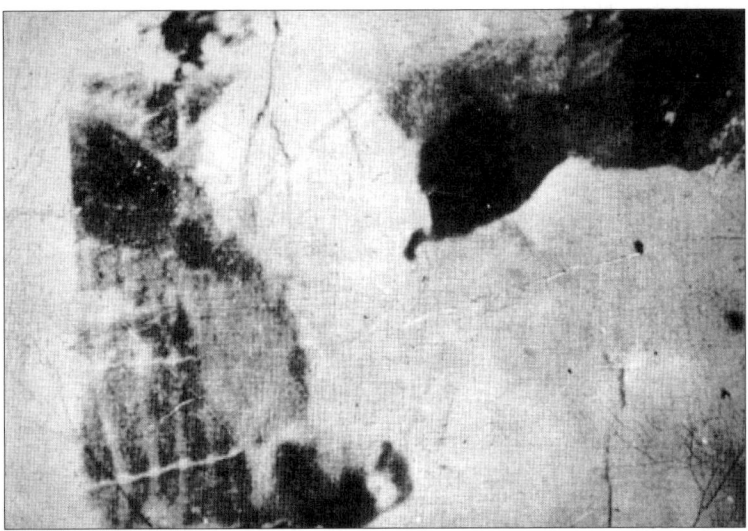

**Abbildung 4.11:** Ein visueller Test - Satellitenfoto oder Holzschnitt?

Erkennen Sie es? Wenn Sie das Bild schon einmal gesehen haben, dann funktioniert es leider nicht mehr, weil Sie das Muster bereits im Kopf haben. Spannend ist, dass weniger als drei Prozent aller Menschen dieses Bild überhaupt erkennen können. Selbst wenn man ihnen erklärt, dass es sich um eine Kuh handelt, sehen viele Menschen nicht den eigentlichen Inhalt des Bildes. Erst, wenn das Muster der Kuh eingeblendet wird, zeigt sich vielen das Bild.

entwickler.press

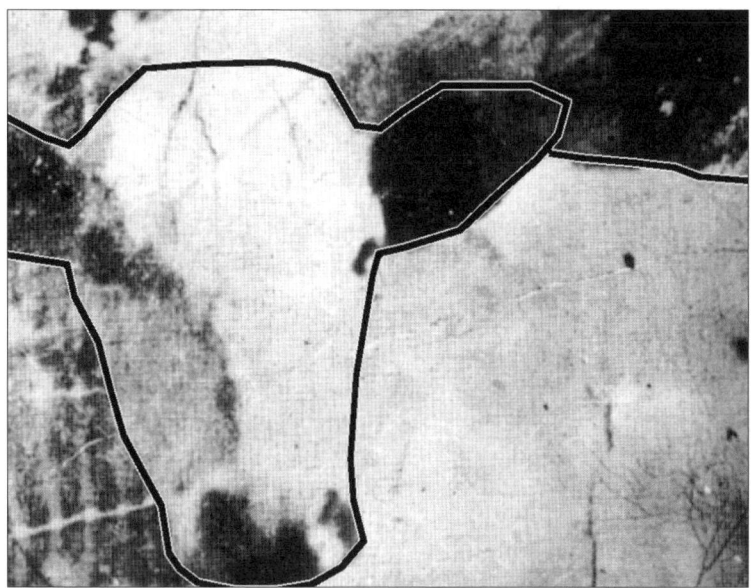

**Abbildung 4.12:** Die Auflösung: das Muster zeigt die Kuh

Besonders spannend an der Fähigkeit unseres Gehirns zur Verarbeitung von Mustern ist, dass sobald das Muster einmal im Kopf verankert ist, es nicht mehr verloren geht. Sie werden es nicht mehr schaffen, das Bild so zu sehen, wie es vorher war. Die Kuh bleibt.

Ganz ähnlich geht es den Nutzern auf Ihrer Website. Die Inhalte und Elemente ergeben, je nach Komplexität und Granularität ein Muster, dass mit dem Kuhbild vergleichbar ist, jedoch mit der Variante, als sie noch nicht wussten, was zu sehen ist. Wenn es keine Übereinstimmung mit einem konkreten Muster im Kopf des Nutzers gibt, entsteht auch nicht das Gefühl der Relevanz.

Was ist die Folge von fehlender Relevanz? Gepaart mit dem Wissen, dass ein gigantisches Angebot mit Hunderttausenden beziehungsweise Millionen an Alternativen auf der Seite davor wartet? Richtig, ein kleiner Klick für einen Nutzer, aber eine riesige Bounce-Rate in ihrem Webanalysesystem. Die Ebene der inhaltlichen Relevanz ist die einfachste, vorausgesetzt Sie wissen, was für Ihre Besucher überhaupt relevant ist.

## Meine konkreten Tipps für inhaltliche Relevanz, den Message-Match:

- Beginnen Sie an den Stellen für Relevanz zu sorgen, an denen sie genau wissen, über welche Keywords und Anzeigentexte Sie Besucher zum Klick auf Ihre Seite bewegt haben. Setzen Sie inhaltlich an dieser Stelle an und setzen Sie das Thema aus Keyword, Anzeigentext oder Werbemittel fort.

- Entwickeln Sie Personas, archetypische Nutzer mit Namen, Gesicht und Charakter als Hilfestellung, um in explorativen Brainstormings der Frage näher zu kommen, was die Menschen auf Ihrer Homepage oder Startseite überhaupt erwarten könnten.

- Fragen Sie echte Nutzer, was sie wirklich erwarten und wonach sie suchen. Arbeiten Sie mit einem offenen Cardsorting-Test, um die richtigen Begriffe herauszufinden, die Ihre Kunden im echten Leben verwenden.

- Verwenden Sie die richtigen Begriffe in der Navigationsleiste, um in den ersten Sekunden unmissverständlich klar zu machen, welches Sortiment oder Angebot Ihre Seite oder Ihr Onlineshop hat. Im Optimalfall erarbeiten Sie die richtigen Begriffe in einem Cardsorting-Test mit echten Nutzern.

- Nutzen Sie den inneren Dialog der Besucher, zum Beispiel in den Zwischenüberschriften von Absätzen („Was kostet das?" oder „Kann ich es auch später zurück geben?"). Das erhöht die Relevanz beim Scannen der Texte durch die Nutzer.

- Sorgen Sie für visuelle Hierarchien und bringen Sie das in den Vordergrund, wonach die Nutzer suchen. Bevor Sie den Besuchern Ihrer Website über dutzende aggressiv gestaltete Teaser einhämmern wollen, was Sie selbst für wichtig halten, sollten Sie zuerst das groß auf dem Schirm platzieren, was sich die Besucher wünschen.

## 2. Nutzenversprechen – WIIFM

What's in it for me? Was habe ich davon (wenn ich hier klicke)? Die zweite Säule der Relevanz ist vergleichbar mit dem nächsten Level eines Computerspiels. Die schlechte Nachricht ist jedoch: Bevor Sie nicht verstanden haben, wonach Ihre Besucher überhaupt suchen, welchen Begriff oder welches Thema sie im Kopf haben, können Sie auch kein dazu passendes Nutzenversprechen geben. Dabei ist das Nutzenversprechen immens wichtig. Jeder Autoverkaufslehrling weiß bereits, dass niemand ein Auto als Mittel zum Zweck kauft, sondern dass auch andere Motive die Wahl für ein Fahrzeug beeinflussen. So sucht der eine nach einem sparsamen kleinen Hybridfahrzeug, um seinen Mitmenschen zu zeigen, wie sehr er sich um unsere Umwelt sorgt. Wieder andere suchen ein geräumiges Fahrzeug, in das möglichst alle Kindersitze passen, ideal als Gebrauchtwagen mit ein paar Kratzern. Dann ist es nicht so schlimm, wenn mal eine kleine Schramme an den Wagen kommt. Wieder andere suchen etwas Repräsentatives, welche Ziele sie auch immer damit verfolgen. Dieses Beispiel zeigt, dass eine klare Botschaft, die sich nur mit den Begriffen und dem Objekt des Fahrzeugs beschäftigt, in Bezug auf Relevanz nicht so stark wäre wie eine Ausrichtung auf den gezielten Nutzen, den ein potenzieller Kunde sucht. Ein Grund mehr, sich mit echten Kunden, ihren Wünschen, Werten und Erwartungen genau zu beschäftigen. Ein Grund mehr, das Wissen über diese Menschen in Form von Personas zu dokumentieren und dadurch den archetypischen Kunden und seine Gefühlswelt präsenter zu gestalten.

Niemand sucht nach einem Produkt, einer Dienstleistung oder einem virtuellen Gut nur der reinen Sache wegen. Hinter allem verbirgt sich ein Nutzen. Jedes Individuum sucht in seinem Handeln nach Optionen zur Nutzenmaximierung und den persönlichen Output materiell oder immateriell zu verbessern. Jeder Nutzen hat seinen Preis, ohne Nutzen hat nichts einen Wert.

## 4.5.3 USP oder UVP?

1952 entschied der Werbeexperte Rosser Reeves den Sieg in der Präsidentschaftswahl für Dwight D. Eisenhower mithilfe einer Alleinstellungsstrategie. 1961 veröffentlichte er darüber ein Buch, das dahinter liegende Prinzip bezeichnete er mit einem bis heute in der Werbung allgegenwärtigen Akronym: USP, Unique Selling Prosposition[11]. Darin sind zwei Faktoren enthalten, nämlich a) das Prinzip der Alleinstellung und b) das Verkaufsargument. Wie wichtig die Alleinstellung ist, erklärt der Marketingexperte Michael E. Porter in seinem 1980 vorgestellten Modell der generischen Strategien[12]. Darin führt die Differenzierung als Unternehmensstrategie zu loyaleren Kunden, erhöht die Marge und liefert den Freiraum für Verhandlungen mit Lieferanten. Die Differenzierung schützt vor Wettbewerbern und schafft Markteintrittsbarrieren. Wer will das nicht? Auch über 30 Jahre später schützen Alleinstellungsmerkmale den Anbieter davor, dass Konsumenten einfach weiter klicken und ihr Glück beim nächst besten Wettbewerber suchen.

Der zweite Faktor im USP-Ansatz ist das Verkaufsargument. An dieser Stelle werden Fähigkeiten oder Leistungsmerkmale eines Produkts oder eines Anbieters hervorgehoben, die das Angebot differenzieren. Diesen Ansatz halte ich inzwischen für veraltet. Und zwar nicht wegen der Differenzierung, sondern weil dazu Features oder Leistungsmerkmale genutzt werden. Konsumenten kaufen keine Leistungsmerkmale oder Features, sie kaufen den dahinter liegenden Nutzen[13]. Der subjektiv wahrgenommene Nutzen ist der Schlüssel zur Kundenentscheidung, weil er wesentlich näher am Kaufmotiv des Konsumenten

11   Rosser Reeves (1961) Reality in Advertising, Knopf, New York ISBN 978-0-394-44228-0

12   Michael E. Porter 1980; Competitive Strategy: Techniques for analyzing industries and competitors; The Free Press, New York; ISBN 0-684-84148-7

13   Werner Kroeber-Riel, Peter Weinberg, Andrea Gröppel-Klein: Konsumentenverhalten. 9. Auflage. Vahlen, 2008, ISBN 978-3-8006-3557-3

**entwickler.press**

liegt als das Feature oder die Funktion. Dabei rücken Merkmale auf der emotionalen und persönlichen Ebene, die einen Vorteil oder eine Belohnung für den Konsumenten als Individuum erzeugen, in den Vordergrund. Dank der bildgebenden Verfahren der Neurowissenschaft wissen wir inzwischen, welche Rolle das Belohnungssystem bei Kaufentscheidungen spielt. Umso wichtiger ist es, zu verstehen nach welchem praktischen und vor allem emotional ideologischen Nutzen die Besucher Ihrer Website suchen. Wonach suchen die potenziellen Käufer eines 7er BMWs?

**Abbildung 4.13:** Die Website für den 7er BMW zeigt klare emotionale Nutzenversprechen (Quelle: www. bmw.de)

Ein emotionales Nutzenversprechen mit direktem Bezug zu persönlichen Werten und einer Aussage, die direkt auf das Ego der Zielgruppe anspricht ist definitiv ein Best Practice in der Rubrik „What's in it for me?". In diesem Beispiel wird deutlich, welche Bedeutung der Begriff „Überlegenheit" gemeinsam mit der Bildkomposition hat. Der emotionale Nutzen wird geschickt mit der Positionierung des Unternehmens „Freude am Fahren" verbunden.

Es geht nicht immer um Überlegenheit, eine gute Sammlung möglicher emotionaler Nutzenversprechen beziehungsweise Lebensmotive findet sich in den 16 Lebensmotiven von Steven Reiss[14]. Mithilfe von Umfragen bei tausenden Menschen in Nordamerika und Asien fand Reiss heraus, dass sich das persönliche Streben vieler Menschen grundsätzlich auf 16 verschiedene Motive „zusammen dampfen" lässt. Das gelang ihm durch Befragungen und eine anschließende Faktorenanalyse von zunächst über 400 möglichen Motiven. Das Resultat dieser Arbeit sind die folgenden 16 Motive[15]:

- **Anerkennung:** Bedürfnis danach, Kritik und Ablehnung zu vermeiden

- **Beziehungen:** Bedürfnis nach Freundschaft

- **Ehre:** Bedürfnis danach, sich moralisch integer zu verhalten

- **Eros:** Bedürfnis nach Sexualität

- **Essen:** Bedürfnis nach Nahrung

- **Familie:** Bedürfnis danach, seine eigenen Kinder großzuziehen

- **Idealismus:** Bedürfnis nach sozialer Gerechtigkeit

- **Körperliche Aktivität:** Bedürfnis nach Bewegung und Aktivität

- **Macht:** Bedürfnis danach, andere dem eigenen Willen zu unterwerfen

- **Neugier:** Bedürfnis nach Kognition

- **Ordnung:** Bedürfnis nach Struktur

- **Rache:** Bedürfnis danach, mit jemandem abzurechnen

---

14  Steven Reiss: Who Am I? The 16 Basic Desires That Motivate Our Actions and Define Our Personalities. New York 2000
15  *http://de.wikipedia.org/wiki/Motivation#Das_Reiss-Profil_und_die_Theorie_der_16_Lebensmotive*

- **Ruhe:** Bedürfnis nach innerem Frieden

- **Sparen:** Bedürfnis danach, materielle Güter zu sammeln und anzuhäufen

- **Status:** Bedürfnis nach Prestige

- **Unabhängigkeit:** Bedürfnis nach Autarkie

Trotz wissenschaftlicher Kritik über die Methodik und der damit verbundenen statistischen Details lässt sich diese Sammlung von Motiven gut nutzen, um aus Anbietersicht schnell und einfach zu überprüfen, welche tiefer liegenden Motive hinter einem Nutzenversprechen liegen können.

Den Einfluss unterschiedlicher emotionaler Motive habe ich in einem Kundenprojekt erlebt, bei dem es um die Landing-Page-Optimierung für Produkte ging, die auf den ersten Blick grundsätzlich schwer inszenierbar erschienen. Es ging um ein Hygieneprodukt, dass auf der Innenseite der Kleidung direkt unter den Arm geklebt wird. Diese Achselpads wurden mit einem Nutzenversprechen, bei dem es sich um das Wohlfühlen dreht, verkauft. In Workshops entwickelten wir Personas, um mögliche Motive und Bedenken besser versehen zu können. Dabei stießen wir auch auf emotionale Motive. Zum einen wurde klar, dass das Ziel einer solchen Maßnahme aus Kundensicht nicht unbedingt das Wohlfühlen ist, sondern das Streben nach Attraktivität und Anerkennung durch gutes Aussehen. Also entwickelten wir einen Text inklusive Headline und Nutzenversprechen, das auf dieses Kernmotiv einging. Ein weiteres Ergebnis aus unserem Workshop war jedoch das Motiv der Kunden, die Situation im Griff, also quasi unter Kontrolle zu haben. Das Produkt gibt den Kunden die Sicherheit, dass nichts schiefgeht und peinliche Situationen vermieden werden können. Dieser Form der „Kontrolle" gaben wir ebenfalls einen eigenen Text. Die drei Varianten testeten wir im A/B-Testing gegeneinander. Das verblüffende Ergebnis war, dass die Siegervariante tatsächlich fast doppelt so viele Warenkorbklicks hatte als die Originalvariante.

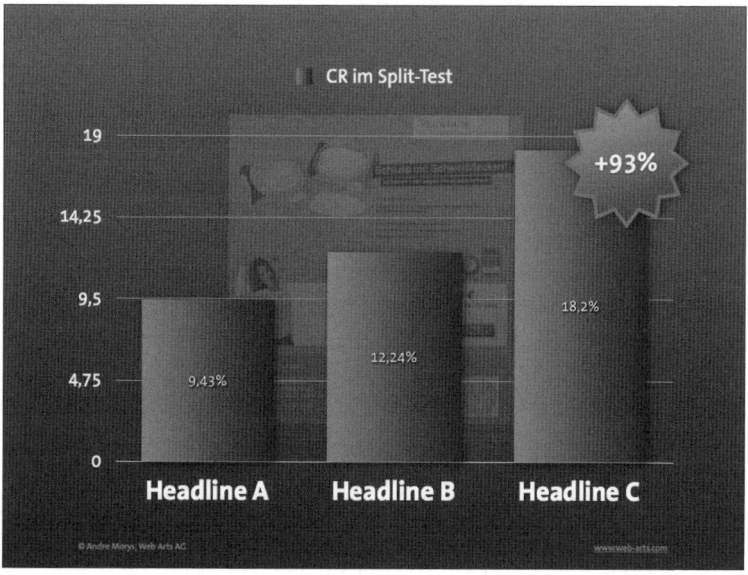

**Abbildung 4.14:** Bei der Landingpage von l'axelle zeigt sich per A/B-Test die Auswirkung unterschiedliche Headlines auf die Konversionsrate

**Meine konkreten Tipps für relevantere Nutzenversprechen:**

- Hinterfragen Sie die Ebene hinter dem Produkt oder dem Service. Welche Motive spielen eine Rolle? Welcher Nutzen verbirgt sich hinter der Sache? Die Entwicklung von Personas hilft extrem dabei, diese Fragen zu beantworten.
- Versuchen Sie, noch mehr herauszufinden: Welche emotionalen Motive spielen dabei eine Rolle? Gibt es fernab des praktischen Nutzens persönliche Ziele, die mit der Entscheidung verbunden sind?
- Welche dieser Faktoren sorgt für eine Alleinstellung gegenüber dem Wettbewerb? Identifizieren Sie die Nutzenargumente der Wettbewerber und suchen Sie eine alleinstellende Position für Ihr Angebot.
- Sprechen Sie den Nutzen direkt an, geben sie ihm Raum über eine visuelle Hierarchie (zum Beispiel Überschrift).
- Integrieren Sie Nutzenversprechen in die Produkttexte Ihres Onlineshops oder in die Beschreibungen Ihrer Angebote und Dienstleistungen.
- Machen Sie das Nutzenversprechen möglichst kurz, vermeiden Sie zu lange und komplexe Umschreibungen.
- Kommen Sie direkt zur Sache, ohne plump zu werden. Der Besucher muss sich in dem Nutzenversprechen wiedererkennen können, dazu ist eine gewisse Authentizität erforderlich.
- Testen Sie den Unterschied zwischen praktischen Nutzenversprechen und emotionalen Motiven im A/B-Test.
- Testen Sie den Unterschied verschiedener Positionierungen und Alleinstellungsmerkmalen in Headlines und Bullet-Listen.

## 3. Preis und Aufwand

Jede Konsumentenentscheidung beruht auf der Abschätzung von Nutzen und Kosten. Das erfordert eine Übereinstimmung zwischen erwartetem Nutzen und dem wahrgenommenen Angebot. Es beruht aber ebenso auf einer Übereinstimmung zwischen erwartetem Aufwand beziehungsweise Kosten und dem wahrgenommenen Preis und Aufwand.

Konsumenten entschlüsseln in Millisekunden unterschiedliche Signale, um sich ein Bild davon zu machen, ob ein Anbieter überhaupt zu dem erwarteten Kostenrahmen passt. Zuvor hatte ich ein Beispiel genannt, bei dem eine kleine Veränderung in der Hintergrundfarbe dazu führte, dass Kunden einen Anbieter als überteuert wahrgenommen hatten. Das ist ein kleines Detail im Bereich der hexadezimalen Farbcodes, das aber in diesem Beispiel über 125 Mio. Euro Umsatz entschieden hat.

Wie interpretieren die Besucher Ihrer Seite die Signale, die Sie senden? Wirken Sie zu billig oder zu teuer? Passt die Wirkung? Im Bereich Mode habe ich miterlebt, wie zu bunt angeordnete Sortimente auf einer Auswahlseite zum Eindruck führten, der Anbieter sei zu billig. Im Bereich Mode sind zu starke Discountsignale je nach Zielgruppe ein starkes Rückweisungsmerkmal. Der implizite Code bunt angeordneter Kleidungsstücke ist ein versteckter Konversionskiller erster Klasse. Für den Anbieter kaum wahrnehmbar, wird er von den Konsumenten unterbewusst verarbeitet und sorgt in diesem Fall für ein völlig falsches Urteil. Der erste Eindruck sagt dem Nutzer: billig. Wer nicht gerade zufällig nach wirklich billiger Mode sucht, verschwindet bereits nach wenigen Sekunden. Und das obwohl die angebotene Mode durchaus im Bereich der mittleren bis hochpreisigen Markenartikel zu finden war.

Umgekehrt verhält es sich ähnlich. Ich kenne sehr viele Fälle, bei denen Unternehmen die Überarbeitung ihrer Seiten oder ihres Onlineshops im Rahmen eines Relaunchs oder Facelifts teuer bezahlt haben. Mit teuer meine ich dabei nicht einmal die Kosten für die daran beteiligten Agenturen und Dienstleister. Ich meine die daraus resultierenden Einbrüche der Konversionsrate und die gestiegenen Abbruchquoten. Wie kann so etwas passieren? Ganz einfach. Auch oder gerade wenn aus Anbieter- oder Expertensicht eine Gestaltung nicht preisgekrönt kreativ und State of the Art ist, wird sie von Onlinenutzern als authentisch und glaubwürdig eingeschätzt. Erst wenn die Gestaltung offensichtlich schlecht und unästhetisch ist, entsteht ein negativer Effekt in Richtung Unglaubwürdigkeit.

Die meisten Portale und Shops sehen nach dem Redesign natürlich viel besser aus. Und zwar aus der Sicht der Betreiber, Designer und Agenturen. Aus der Sicht der Konsumenten sehen sie danach teurer aus, hochwertiger oder gar luxuriöser. Verglichen mit dem authentischen und glaubwürdigen Eindruck, die die Gestaltung vor dem Redesign hatte, rutscht die Konversionsrate ab. Ich kenne mindestens drei Betreiber von Onlineshops, die aufgrund solcher Fehler in die Insolvenz gerutscht sind. Seither nenne ich den Effekt Relaunch-Insolvenz. Die Ursache ist eine Verzerrung zwischen Selbstbild und Fremdbild auf der Skala „Billig versus Teuer" und „Schlechtes Design versus gutes Design". Der eigentliche Faktor dahinter ist die fehlende Relevanz, die erste Einschätzung der Besucher nach wenigen Millisekunden führt zum Abbruch, weil das Angebot als preislich nicht relevant eingestuft wird, bevor überhaupt auf kognitiver Ebene echte Preise von Produkten oder Angeboten verglichen werden. Zum Einfluss der Gestaltung und auf die Wirkung von Preisen gibt es eine spannende Theorie des auf Neuromarketing spezialisierten Beratungsunternehmens decode Marketingberatung GmbH.

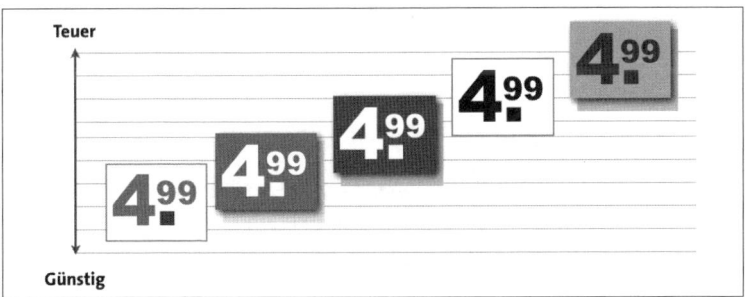

**Abbildung 4.15:** Wirkung von Preissignalen nach decode.de[16]

---

16  *http://www.decode-online.de%2Fmarkenbuch%2Fleseproben%2Fpdf%2FWas-Marken-erfolgreich-macht- Marken.pdf*

Trotz identischer Preise wirkt die dargestellte Preisauszeichnung allein aufgrund ihrer Gestaltung mehr oder weniger billig. Das verdeutlicht die Kraft impliziter Codes bei der Gestaltung von Elementen und Websites.

## Meine konkreten Tipps für Relevanz bei Preis und Aufwand:

- Analysieren Sie die Preiswahrnehmung Ihrer Kunden. Wirken die Preise zu teuer oder zu billig? Welche Elemente sind dafür verantwortlich?
- Setzen Sie Preissignale auf Startseite und Eingangsseiten in passendem Umfang. Art und Intensität der Gestaltung solcher Elemente sollte zu Ihrem Image passen.
- Geben Sie Preis- und Berechnungsbeispiele zur Orientierung. Besonders bei Finanz- und Versicherungsprodukten ist diese Form der Orientierung für die Besucher bereits in einer frühen Phase wichtig.
- Denken Sie auch an die Wirkung hinsichtlich der Komplexität Ihrer Seite. Zeigen Sie, dass Elemente leicht und einfach zu bedienen sind, indem Sie die Gestaltung ebenfalls leicht und einfach halten. Klare Strukturen und genügend Weißraum stärken den Eindruck. Testen Sie die Auswirkungen.
- Auch Wartezeiten sind Kosten. Liefern Sie am besten eindeutige Signale zur Verfügbarkeit von Waren, zum Beispiel in Form eines grünen „Sofort lieferbar!"-Icons.
- Testen Sie verschiedene Formen von Preissignalen, Störern und Symbolen. Kleine Unterschiede haben eine große Auswirkung auf die Beurteilung durch die Kunden.

## 4. Emotionale Resonanz, implizite Codes

Was ist der Charakter einer Seite? Haben Unternehmen eine Persönlichkeit? Welche Faktoren sind dafür verantwortlich, dass uns manche Menschen vom ersten Augenblick an sympathisch sind, andere aber nicht. Und jeder von uns kennt die Auswirkungen von Sympathie in Verkaufssituationen. Manche Menschen sind uns einfach ähnlich. Oder wir identifizieren uns mit den Werten, für die sie stehen und die sie ausstrahlen. Auf jeden Fall lässt sich das, was wir empfinden, wenn wir etwas oder jemanden sympathisch finden, mit einer Art Resonanz beschreiben. Es gibt etwas an der Ausstrahlung, das uns fesselt, fasziniert und mit dem wir uns identifizieren können. Forscher vermuten, dass das Betrachten von Websites die gleichen Muster im Gehirn der Nutzer hervorruft wie das erste Kennenlernen einer Person.[17] Können Websites uns sympathisch sein, oder gar Unternehmen?

Gleichzeitig passiert noch etwas: Während wir uns in den letzten 20 Jahren mit Nutzer- und Kundenorientierung beschäftigt haben, läutet ein neues Konzept eine Ära der Veränderungen ein: Human-Centered-Marketing. Der Begriff betont, dass Unternehmen nicht mehr monolithisch ihre selbst definierten Werte nach außen transportieren, sondern dass sie sich auf die gleiche Ebene mit den Konsumenten begeben. Der durch das soziale Web begonnene Wandel beginnt sich langsam durchzusetzen, da die Widersprüche zwischen der alten Sichtweise von Marke, Werten und Visionen nicht mit den Konzepten von Social Media zu vereinbaren sind. Zappos und Google machen vor, wie die Grenzen zwischen Marke und Unternehmenskultur zu einem einheitlichen Verständnis und gelebten Werten zusammenschmelzen. Was können wir daraus in Bezug auf Conversion-Optimierung lernen? Ganz einfach, Menschen kaufen gerne bei Menschen, die sie mögen. Wenn wir über Relevanz sprechen, dann geht es nicht nur um die oberflächlichen Ebenen von Seitentiteln und Produkttexten. Echte

---

17  *http://en.wikipedia.org/wiki/Neural_processing_for_individual_categories_of_objects*

nachhaltige Relevanz zeigt sich nicht nur in USP und UVP, sondern in den gelebten Werten des Unternehmens. Und die werden über die Grenzen der eben genannten Elemente auf einer Website hinaus spürbar: im Kundenkontakt, beim Öffnen des Päckchens etc. Hier zeigt sich, ob eine Unternehmenskultur wirklich authentisch wirkt und die Grenzen der Unternehmensmauern durchdringt.

Eines der beeindruckendsten Beispiele hierzu präsentierte Rob Snell, E-Commerce Veteran in den USA, mit seinem Onlineshop „Gun Dog Supply". Nach einem euphorischen Aufstieg des Onlineshops in den ersten Jahren seiner Gründung mussten die Brüder Rob und Steve Snell bald feststellen, dass sich die Regeln auf dem Markt durch neue Wettbewerber geändert hatten. Das Wachstum ging zurück, es begann eine Phase der Stagnation. Die beiden Gründer entschieden sich für eine Offensive, bei der sie ein Signal gegen die großen Anbieter setzen wollten, die ihre Wettbewerber waren. Sie begannen eine Art Markenstrategie, bei der Steve Snell als Gründer und Inhaber immer stärker in den Vordergrund rückte. Produktempfehlungen kamen von Steve Snell, sein Gesicht war auf der Website, er schrieb über neue Produkte in seinem Blog, ging selbst ans Telefon und unterschrieb hunderte „Vielen Dank für Ihre Bestellung!"-Kärtchen.

**Abbildung 4.16:** Gun Dog Supply

Der Gun-Dog-Supply-Shop war nun nicht mehr einer von vielen Onlineshops, es war der Onlineshop von Steve Snell. Der Shop hatte die Persönlichkeit und den Charakter des Menschen, der dahinter steckt, übernommen. Man kann Steve Snell nun sympathisch finden oder nicht, der betriebswirtschaftliche Erfolg dieser Maßnahme war immens. Die beiden Brüder schätzen den Wert der Umsatzsteigerung, die sie dadurch erfuhren, auf mehr als zehn Millionen US-Dollar ein.

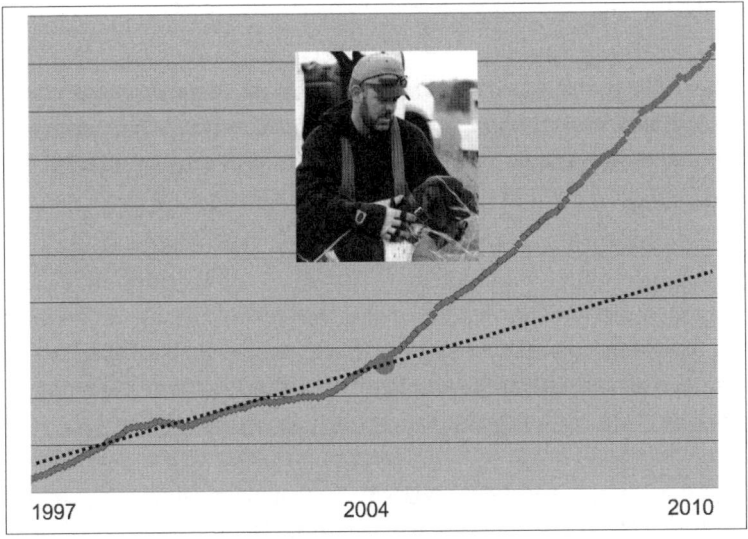

**Abbildung 4.17:** Umsatzentwicklung von Gun Dog Supply (Quelle[18]) nach „Personalisierung" des Shops (roter Punkt)

„Man kann nicht nicht kommunizieren", diese wichtige Regel stellte einst Paul Watzlawick in seinem Paradigma über Kommunikation[19] auf. Diese Aussage lässt sich noch weiter spinnen: „Man kann nicht nicht wirken." oder „Eine Website kann nicht nicht eine Persönlichkeit

---

18  *http://www.slideshare.net/robsnell/rob-snells-2010-pubcon-south-keynote-real-world-ecommerce-w-yahoo-store*
19  *http://de.wikipedia.org/wiki/Metakommunikatives_Axiom*

haben". Umgekehrt heißt das: Auch wenn die Strategie der Gebrüder Snell nicht zu Ihnen passt (was ich verstehen kann), wirkt ihr Onlineshop oder ihre Website wie eine Persönlichkeit. Was ist das jedoch für eine Persönlichkeit? Sicherlich sind wir an der tiefsten oder weitgehendsten Definition von Relevanz angekommen, der Unternehmenspersönlichkeit und der Frage, was diese Persönlichkeit ausstrahlt. Darauf, wie diese Persönlichkeit aus Sicht der Nutzer Ihrer Website aussieht, zielt der eingangs beschriebene Mininutzertest mit der Frage „Wenn diese Website ein Mensch wäre, wie ist sein Charakter?" ab.

Haben Sie die Antworten? Wenn nicht, muss ich Sie an dieser Stelle erneut dazu ermutigen, den Test zu Beginn von Kapitel 2 zu machen. Es dauert auch nur ein paar Minuten.

Vor einiger Zeit habe ich diese Frage einigen Probanden gestellt, die gerade für einen Nutzertest anwesend waren. Ich befragte zwei Gruppen. Einer Gruppe zeigte ich die Websites von einigen führenden Onlineshops aus dem Bereich Elektronik und Elektrotechnik und bat sie, die Wirkung zu beschreiben und Assoziationen zu bestimmten Verkäufertypen zu bilden. Die andere Gruppe fragte ich, wie der optimale Verkäufer „in natura" aussehen und sich verhalten würde, bei dem sie am liebsten ein Elektronikprodukt kaufen würden. Überraschenderweise war es nicht der am besten aussehende Typ, auch nicht der am besten gekleidete, sondern ein authentisch wirkender junger Mann, dem man eine gewisse Kompetenz und Erfahrung ansah.

Die andere Gruppe hatte keine Probleme, die verschiedenen Onlineshops unterschiedlichen Typen zuzuordnen. Die Wirkung der Seiten konnte ganz klar unterschiedlichen Charaktereigenschaften der Verkäufer zugeordnet werden. Signifikante Ergebnisse bei den Zuordnungen gab es bei folgenden drei Anbietern.

Besonders spannend war die Korrelation zwischen den Antworten auf die Frage „Bei welchem Shop würden Sie am ehesten kaufen?" und „Bei welchem Verkäufer würden Sie am liebsten kaufen?". In beiden Fällen gewann der gleiche Typ. Auf diese Weise ließen sich die idealen Charaktereigenschaften eines Verkäufers direkt auf den Shop übertragen. Es sind die impliziten Codes, die unterschwelligen Signale, die bei der Frage nach dem Charakter besonders die Realität der Nutzer prägen. In dem Beispiel mit den Onlineshops ging es meist um Farben, Formen und Bilder, die den Eindruck formten.

---

**BUCHTIPP:** Welche Wirkung implizite Codes auf die Wirkung und Bewertung durch Konsumenten haben, beschreiben die Autoren Christian Scheier, Dirk Bayas-Linke und Johanna Schneider in ihrem Buch „Codes. Die geheime Sprache der Produkte", Auflage 1, Haufe-Lexware (6. September 2010), ISBN -10: 3648003011.

---

## Meine konkreten Tipps für emotionale Resonanz:

– Analysieren Sie die Wirkung Ihrer Seite oder Ihres Shops mit einem Nutzertest. Finden Sie heraus, welche Elemente die Wirkung beeinflussen. Identifizieren Sie Störungen und testen Sie die Auswirkungen von Veränderungen auf der Seite.

– Authentizität ist eine wichtige Grundlage, damit sich Menschen mit Ihrem Angebot und Ihrem Unternehmen überhaupt identifizieren können. Es ist die Basis für Sympathie. Vermeiden Sie daher um jeden Preis unnötige, sinnleere Phrasen. Testen Sie Marketing-Blabla gegen Texte, die die Sprache des Nutzers sprechen, Sie werden über die Ergebnisse erstaunt sein.

– Arbeiten Sie mit starken impliziten Codes durch visuelle Signale. Bilder werden um ein Vielfaches schneller vom menschlichen Gehirn verarbeitet als Texte, ihre Wirkung ist zudem deutlich intensiver. Testen Sie die emotionale Wirkung unterschiedlicher Bildkonzepte mithilfe von A/B-Testing.

– Nutzen Sie Storytelling und Testimonials, um die Geschichte und die Werte, die den Angebot- oder Produktnutzen verstärken, authentisch zu übertragen.

## 4.6 Vertrauen

Zum Thema Vertrauen hat der Besucher einer Website beziehungsweise eines Onlineshops folgende Primärfragen:

- Kann ich diesem Anbieter überhaupt vertrauen?
- Sind die Inhalte und Informationen glaubwürdig?
- Kann ich mich darauf verlassen, dass die bestellte Ware jemals ankommt?

Kein Vertrauen bedeutet keine Konversion. Fehlendes Vertrauen ist mit Sicherheit dafür verantwortlich, dass bis zu 90 Prozent der Besucher eines Onlineshops innerhalb der ersten drei Seiten den Besuch abbrechen. Gemessen am potenziellen Kundenwert befindet sich in diesem Bereich eine der größten Möglichkeiten zur Konversionsoptimierung. Das erklärt den Erfolg von Anbietern bekannter Gütesiegel.

Vielleicht kennen Sie diese Situation: Sie suchen ein nettes Restaurant in einem Urlaubsort oder einer Stadt, in der Sie zuvor noch nicht waren. Sie laufen durch die Straßen, und schnell erkennen Sie, in welche Lokalitäten es sich lohnt einen zweiten Blick zu werfen und wo Sie lieber schnell weiter gehen sollten. Es sind äußere Eindrücke, die zu einer blitzschnellen Entscheidung führen. Ohne dass Sie wirklich einen Blick hineinwerfen müssen, suchen Sie nach Indikatoren dafür, ob ein Betrieb ein vertrauenswürdiger Anbieter ist oder eben nicht. Da sind zum einen Eindrücke über das gesamte Äußere. Wie gepflegt ist die Fassade, wie liebevoll sind Details hergerichtet? Es gibt aber noch subtilere Indikatoren. So schauen die meisten Menschen am Abend oder in der Dämmerung nach der Intensität der Beleuchtung, um herauszufinden, ob das Angebot passend ist oder nicht. Auf den zweiten Blick werden Preise und Details der Speisekarte untersucht. Auch Preise können ein Indikator für die Vertrauenswürdigkeit sein, bei einem Krabbensalat für einen Euro werden die meisten Menschen skeptisch.

Genau so ist es im Internet bei Websites. Ob ein Anbieter wirklich seriös und vertrauenswürdig ist oder nicht, können die meisten Onlinenutzer, selbst unerfahrene, innerhalb weniger Sekunden und anhand weniger Indikatoren feststellen. Viele dieser Indikatoren sind implizite, subtile Signale, das heißt sie werden meist unterbewusst erfasst, es braucht nicht viel Zeit, um sie zu decodieren. Onlinenutzer können nur schwer abschätzen, wie beliebt und somit erfolgreich ein Anbieter wirklich ist und wie gepflegt die Räume und wie kompetent die Mitarbeiter sind. Andere Faktoren werden daher umso stärker bewertet, und als Anbieter müssen Sie lernen, diese Faktoren zu kennen und zu beherrschen.

Doch welche Indikatoren sind das genau, anhand derer wir die Vertrauenswürdigkeit eines Anbieters beurteilen? Der Restaurantvergleich macht es uns einfacher, die Wirkungsmechanismen und Prinzipien zu verstehen und auch für Onlinemedien anzuwenden. Das erste wichtige Wirkungsprinzip heißt Autorität. Für uns als Menschen ist es am einfachsten zu verstehen, dass etwas gut und empfehlenswert ist, wenn es andere vertrauenswürdige Autoritäten bestätigen. Beim Restaurant ist es eine Plakette mit Sternen oder Auszeichnungen, die direkt im Eingangsbereich sichtbar sind. Online ist das nicht anders, auch hier wird mit Gütesiegeln gearbeitet. Im Fernsehen vertrauen Menschen der Zahnbürste, die auch die Zahnarztfrauen verwenden; der Zahnbürste, die der Zahnarzt selbst benutzt, würden sie wahrscheinlich noch mehr vertrauen. Und so ist Autorität der erste wichtige Effekt, den wir nutzen können, um Vertrauen aufzubauen. Der zweite Effekt, der jedem bekannt ist, ist vergleichbar mit der Begutachtung des äußeren Erscheinungsbildes. Die Qualität und Professionalität, auch die Sauberkeit, mit der ein Anbieter äußerlich in Erscheinung tritt, ist logischerweise ein direkter Bezug zur Qualität und Professionalität der angeboten Waren oder Dienstleistungen. Ein unprofessioneller, schlampiger oder gar schmuddeliger Eindruck ist für potenzielle Kunden ein Indikator für die Erfolglosigkeit eines Anbieters. Welchen anderen Grund für Erfolglosigkeit kann es geben als schlechte Waren oder Services? Welchen anderen Grund außer fehlendes Geld und Kapazitäten könnte es auch geben, um seine „Fassade" nicht professionell, sauber und gepflegt in Stand zu halten? Und so ist es auch mit der Fassade der Website oder eines Onlineshops. Auch hier sendet das Frontend, die Gestaltung, unmittelbare implizite Signale, die Rückschlüsse darauf zulassen, wie erfolgreich ein Anbieter ist und welche finanziellen Mittel ihm zur Verfügung stehen. Ein dritter wichtiger Effekt ist online nicht direkt zu übertragen, aber nichtsdestoweniger ist er ebenso wirksam wie in der realen Welt. Stellen Sie sich vor, Sie suchen etwas zu Essen. Diesmal finden Sie zwei Imbissbuden direkt nebeneinander. Beide sehen vertrauenswürdig aus. Der Unterschied besteht darin, dass Sie bei einem Anbieter etwa eine halbe Stunde Schlange stehen müssen, wohingegen Sie beim anderen Anbieter unmittelbar drankommen würden. Wie entscheiden Sie sich?

Es ist völlig egal, wie viel Hunger Sie haben. Sie werden lieber eine halbe Stunde warten als bei einer völlig leeren und unbeliebten Imbissbuden etwas zu Essen zu bestellen. Es wird schnell klar, wie stark wir Menschen unser Verhalten danach ausrichten, was andere Menschen tun. Das Verhalten unserer Umgebung prägt unser eigenes Tun stärker, als wir es uns selbst gerne eingestehen. Oder gehen Sie gerne als einziger Gast in ein leeres Restaurant? Sie würden sich wie ein Versuchskaninchen fühlen. Der Unterschied zwischen Onlinemedien und dem realen Leben ist der, dass Onlinenutzer nur schwer sehen können, wie viele Menschen sich auf einer Website oder in einem Onlineshop befinden. Der Effekt der sozialen Bewährtheit (Social Proof) ist dennoch einer der mächtigsten Trigger der Conversion-Optimierung. Dieses Prinzip zeigt, wie wichtig soziale Mechanismen im Internet sind, auch außerhalb von Facebook, Twitter und Co. Wie sich dieses Prinzip übertragen lässt, erfahren Sie im dritten Abschnitt dieses Kapitels.

## 4.6.1 Vertrauen durch Autorität

Wissen Sie, was Dr. Best mit Elektroschocks zu tun hat? Es ist ganz einfach. Im Jahr 1961 führte der Psychologe Stanley Milgram eines der bislang am meisten in der Öffentlichkeit diskutierten Experimente durch. Er lud dazu einige freiwillige Versuchsteilnehmer zu einer wissenschaftlichen Studie ein. Die Versuchsteilnehmer wurden in Lehrer und Schüler aufgeteilt. Die Schüler sollten sich Wortpaare in einer bestimmten Zeit merken, machten Sie einen Fehler, sollten Sie mit einem kleinen elektrischen Impuls durch den Lehrer bestraft werden. Der wissenschaftliche Leiter stand bei den Lehrern und forderte sie in seinem weißen Kittel nach jedem Fehler die Intensität der Stromstöße zu erhöhen. Obwohl die Schüler darum baten, das Experiment zu beenden, gehorchten die Lehrer dem Testleiter und fuhren fort, trotz der Schmerzen, die sie den Schülern hinzufügten. Was die Lehrer nicht wussten: Die Versuchsteilnehmer, die sich als Schüler meldeten waren Schauspieler. Die Stromstöße waren nicht echt, der Schmerz war nur gespielt. Das Experiment zeigte jedoch eindrucksvoll, welche Macht durch die anwesenden wissenschaftlichen Leiter im weißen Kittel ausging und wie stark der Gehorsam der Lehrer das Verhalten über die eigenen Werte, Normen und Moralvorstellungen hinweg zuließ[20].

Klingt brutal? Wenn Abends im deutschen Fernsehen in der Werbung „die meisten Zahnarztfrauen auf Blabladent vertrauen" und Dr. Best mit seinem weißen Kittel erklärt, wie er an der Erforschung der optimalen Biegekopftechnik arbeitet, dann handelt es sich um das selbe Prinzip. Wenn wir roboterartig im Regal nach dem Haarshampoo greifen, dass als Testsieger ausgezeichnet wurde und wir uns die Winterreifen kaufen, die in diesem Jahr vom ADAC getestet wurden, dann ist der dahinter liegende Effekt Autorität. Deshalb ist der Einsatz von Gütesiegeln auch ein sehr einfacher und probater Weg, um Vertrau-

---

20  Das Milgram-Experiment. Zur Gehorsamsbereitschaft gegenüber Autorität. 14. Auflage. Rowohlt, Reinbek 1997, ISBN 3-499-17479-0

enswürdigkeit auszustrahlen. Das Vertrauen in Siegel, die von einer anerkannten (und somit ebenfalls vertrauenswürdigen) Organisation, Behörde oder gar bekannten Person (dann nennen wir es Testimonial) stammt, ist hoch. Voraussetzung ist eine hohe Bekanntheit und Reputation der verleihenden Organisation. So sind für ein Restaurant die Michelin-Sterne das höchste Maß an Reputation, wohingegen online ein Vertrauenssiegel von TüV, Trusted Shops, Verisign oder Stiftung Warentest stammt. Die aus der realen Welt bekannten Instanzen wie Stiftung Warentest und TüV funktionieren dabei ebenso gut wie reine Internetsiegel. Dabei ist es von großer Bedeutung, wie das Siegel eingebunden ist. Ähnlich der Platzierung im Eingangsbereich des Hotels oder Restaurants ist es bei Websites ebenso wichtig, dass die vertrauensbildenden Informationen schnell wahrgenommen werden. Das Lesemuster beim Betrachten einer Website erzeugt im Eye Tracker ein typisches F-Muster, daher sind beliebte, weil aufmerksamkeitsstarke, Positionen für Gütesiegel im oberen Bereich der Seite.

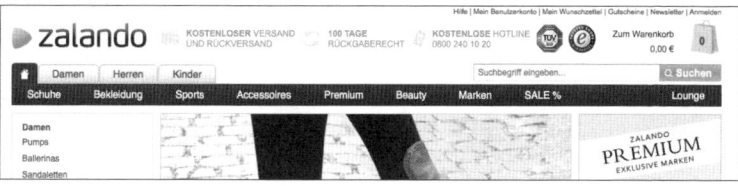

**Abbildung 4.18:** Gütesiegel bei zalando.de im Kopfbereich der Seite

Doch Vorsicht: Testen Sie unterschiedliche Positionen der Gütesiegel. Vor allem bei Onlineshops werden im Checkout, kurz vor dem Absenden der Bestellung, Sicherheitssignale erneut unheimlich wichtig. Für einen Kunden haben wir daher den Einsatz einer Box mit Gütesiegeln auf der Anmelde-/Loginseite des Checkoutprozesses getestet. Obwohl die Siegel bereits im Kopfbereich der Seite zu sehen sind, hat die zusätzliche Einbindung der Siegel auf der Loginseite die Konversionsrate bis zum Bestellprozess um über zwölf Prozent gesteigert, wie das folgende Beispiel eines A/B-Tests zeigt.

**Abbildung 4.19:** Loginseite einer Versandapotheke in der Originalversion

**Abbildung 4.20:** Optimierte Version mit Zusatzbox „Ihre Sicherheit ist uns wichtig" erhöht die Konversion im Checkout um rund zwölf Prozent

Conversion-Optimierung                                                    123

Selbst die Darstellung von Zahlungs- und Versandanbietern in Form der jeweiligen Logos von Kreditkartenanbietern oder Logistikunternehmen übermittelt vielen Onlinenutzern bereits ein Gefühl von Vertrauen; die bekannten und vertrauenswürdigen Marken strahlen positiv auf den Anbieter ab.

**Abbildung 4.21:** Gütesiegel und Anbieterlogos verhelfen dem Mietwagenpreisvergleich „billiger-mietwagen.de" zu einer vertrauenswürdigen Wirkung

Doch nicht nur der Einsatz von Gütesiegeln und Testberichten wirkt im Sinne der Autorität. Auch die Wirkung des Eingangs erwähnten Dr. Best, auch wenn die Werbung inzwischen ein wenig „80s" wirkt, sollte niemand unterschätzen. Ärzte, Apotheker, Forscher, meistens Menschen in weißen Kitteln, strahlen für viele ebenfalls eine autoritäre Aura aus. Dieser Effekt zeigt eine beinahe unheimliche Auswirkung: Laut einer US-Studie sind zwölf Prozent aller Medikationen in Krankenhäusern falsch. Obwohl Pflegepersonal, Helfer und Assistenzärzte es besser wissen müssen, korrigieren sie die Angaben der Chefärzte nicht, weil sie sich nicht trauen, deren Autorität in Frage zu stellen. Die Kraft der Autorität ist derart stark, dass sie gefährlich werden kann, zum Beispiel im Cockpit von Passagierflugzeugen. Inzwischen wird Copiloten in Ausbildung und Training der blinde Gehorsam vor den Anweisungen des Chefs im Cockpit wieder abtrainiert, um in brenzligen Situationen Fehlentscheidungen des Piloten entgegen zu wirken.

Diese Beispiele zeigen, wie stark der Autoritätsglaube mit bestimmten Rollen und Berufsbildern verbunden ist, die viele Unternehmen in ihrer Werbung als Testimonial einspannen. So befinden sich auf vielen Gesundheitsseiten natürlich Bilder von Ärzten, bei Technologieunternehmen sind es die Forscher und bei der Zahnpasta darf es gerne auch mal die Zahnarztfrau sein, deren Vertrauen für die Werbung genutzt wird.

**Abbildung 4.22:** Einsatz eines arztähnlichen Bildes als Testimonial auf einem Onlineshop für Nahrungsergänzungsmittel

Zu guter letzt müssen oft genug Promis als Testimonial herhalten; eine gewisse Glaubwürdigkeit vorausgesetzt, lässt sich auch dieses Werkzeug als Stilmittel der Autorität verstehen. Was sind die weißen Kittel ihrer Branche? Gibt es Forscher, Institute, Behörden oder irgendeine Form von Autorität, die die Güte Ihrer Leistungen oder Produkte bestätigen kann. Oder müssen Sie am Ende selbst zur Autorität werden?

Auch die eigene Marke kann als Autorität gelten, entsprechende Arbeit, Mittel und Zeit vorausgesetzt. So lohnt sich für den einen oder anderen Internet-Pure-Player die Investition in PR, um an entsprechender Stelle der Website auf die Zitate in anerkannten Medien zu verweisen. Und auch TV-Werbung („Bekannt aus der TV-Werbung ...") distanziert die kleineren Wettbewerber, schafft eine Autorität und nutzt die Logos der Sender oder Medien als Signal für Größe und damit Autorität.

**Abbildung 4.23:** Die Website der Deutschen Familienversicherung zeigt die Logos der Sender, auf denen der TV-Werbespot zu sehen ist

Wer seine Hausaufgaben gut gemacht hat, dessen Marke ist nach vielen Jahren selbst ein Symbol für hohe Qualität. Für Onlineshops ebenso wie für Dienstleister und jedes andere Unternehmen besteht die Kunst nun darin, die Versprechen der Werbung, Gütesiegel und Testimonials nach einiger Zeit nicht nur einzulösen, sondern im Idealfall zu übertreffen. Inzwischen sind Internet-Pure-Player wie Amazon starke Brands, weil es derart viele Kunden mit einem unendlichen Vertrauen in den Anbieter gibt. Die Marke Amazon ist dadurch selbst zur Autorität geworden und gibt als Abstrahleffekt Millionen Marketplace-Partnern wiederum Vertrauen weiter.

## 4.6.2 Vertrauen durch professionelles Erscheinen – Credibility-based Design

David Robins und Jason Holmes von der Kent University haben in ihrer Studie „Aestetics and Credibility in Web Site Design"[21] untersucht, ob es einen messbaren Zusammenhang zwischen der Gestaltung und der Glaubwürdigkeit einer Seite gibt. Das Ergebnis ist, dass es etwa 2,3 Sekunden dauert, bis ein Internetnutzer ein Urteil über die Vertrauenswürdigkeit einer Seite gefällt hat. Dabei ist besonders interessant, welche große Rolle die Ästhetik, also die subjektiv wahrgenommenen Schönheit, der Seite spielt. Hohe Ästhetik hat hohe Glaubwürdigkeit zur Folge. Seiten mit wenigen Gestaltungselementen schnitten deutlich schlechter ab.

---

21  Information Processing & Management (2008) Volume: 44, Issue: 1, Publisher: Pergamon Press, Inc., Pages: 386-399, ISSN: 03064573

**Meine konkreten Tipps für Vertrauen durch Autorität**

– Setzen Sie Gütesiegel ein. Es ist meist der erste einfache Weg, um vor allem als weniger bekannter Anbieter rasch Vertrauen aufzubauen. Platzieren Sie das Gütesiegel in eine kleine Box und erklären Sie, dass Ihnen die Sicherheit der Kunden wichtig ist.

– Testen Sie unterschiedliche Positionen für das/die Gütesiegel. Es muss nicht zwangsweise die auffälligste Position ganz oben sein. In Kundenprojekten ergaben multifaktorielle Tests für unterschiedliche Kunden verschiedene optimale Positionen der Gütesiegel.

– Vor allem für Onlinehändler gilt: Nutzen Sie die Marken der Produkte aus ihrem Sortiment auf Einstiegsseiten. Die Bekanntheit der Marken sorgt nicht nur für Relevanz, sondern die Logos strahlen das Vertrauen, dass Konsumenten in diese Anbieter haben, auf Ihr Angebot ab. Achten Sie jedoch darauf, dass die Marken das richtige Gefühl in Bezug auf Sortiment und Preis übertragen.

– Ebenfalls wichtig für Onlineshops: Zeigen Sie die Logos Ihrer Zahlungsanbieter und Kreditkartenunternehmen. Nicht nur um implizit klar zu machen, dass man bei Ihnen etwas kaufen kann, sondern weil auch diese Logos in Bezug auf Vertrauen auf Sie als Anbieter abstrahlen, das gilt selbst für Logistikanbieter beziehungsweise Paketdienste.

– In jeder Branche gibt es Autoritäten. Identifizieren Sie glaubwürdige Instanzen, Personen, Institutionen und testen Sie die Auswirkungen solcher Testimonial auf die Resultate Ihrer Website.

– Bei allen Tipps gilt: Falls ein Test einmal kein signifikantes Ergebnis bringt, testen Sie weiter. Verändern Sie die Position oder die Art der Einbindung. Packen Sie die Elemente in eine Box in den Footer Ihrer Seite, statt ganz oben in den Header. Probieren Sie eine Position links oder rechts neben dem Haupt-Teaser. Nur weil der erste Test keine Resultate bringt, heißt das noch nicht, dass das Prinzip nicht funktioniert.

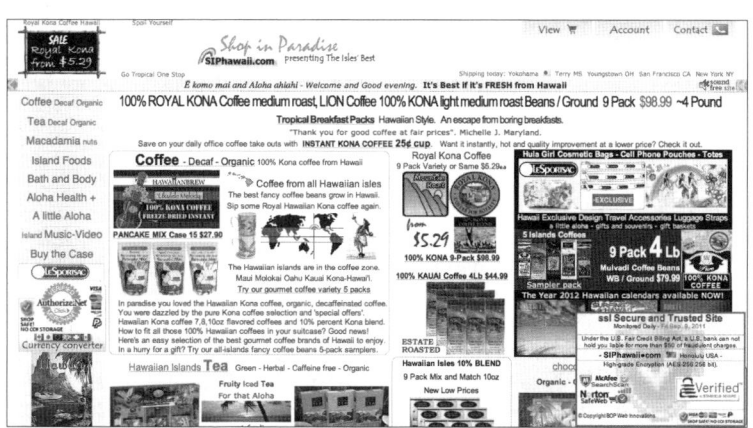

**Abbildung 4.24:** Dieser Kaffeeshop aus Hawaii wurde auf webpagesthatsuck.com als schlechtester Onlineshop 2010 ausgezeichnet

Da ist es wieder, das gleiche Phänomen, das wir kennen, wenn wir zum Beispiel nach einem Restaurant suchen und die Qualität der Speisen anhand des äußeren Erscheinungsbilds abschätzen. Was sind die Kriterien, anhand derer Konsumenten sich eine Meinung bilden? Zunächst muss man verstehen, dass diese Bewertung durch den Konsumenten sehr schnell erfolgt. In etwas mehr als zwei Sekunden haben Nutzer nur die wichtigsten Elemente wahrnehmen können: den grundsätzlichen Seitenaufbau, Farben, Formen, Kontraste, vielleicht die Kernbotschaft aus einem wirklich großen Teaser. Es sind auf jeden Fall implizite Codes und Signale, die von den emotionalen Arealen des Gehirns verarbeitet werden. In Nutzertests machen wir eine erweiterte Form des eingangs beschriebenen Fünf-Sekunden-Tests. Es ist wichtig, dass die Teilnehmer an diesem Test den Seiteninhalt noch nicht kognitiv bewerten konnten, daher wird die Betrachtungsdauer auf besagte fünf Sekunden begrenzt.

Einer der häufigsten positiven Nennungen bei Seiten, die einen guten ersten Eindruck hinterlassen, ist die Übersichtlichkeit oder Aufgeräumtheit der Seite. Ganz ähnlich wie in einem ordentlich strukturierten und aufgeräumten Laden oder Büro scheint die Ordnung ein wichtiges Kriterium für die Vertrauenswürdigkeit des Anbieters zu sein. Umgekehrt sind es zu viele Elemente, zu viele Farben oder sogar verschiedene Schriftarten, die einen ordentlichen und aufgeräumten Eindruck zerstören können. Jede Form der Simplizität einer Gestaltung sorgt dafür, dass die kognitive Last bei der Verarbeitung sinkt und Onlinenutzer überhaupt in den ersten Sekunden die Gelegenheit haben, die Seite emotional zu beurteilen.

Warum sind Ordnung, Aufgeräumtheit und Simplizität ein wichtiger erster Indikator für Vertrauenswürdigkeit aus Sicht der Nutzer? Erfolgreiche (und damit per se aus Verbrauchersicht vertrauenswürdige) Unternehmen können sich eine ordentliche Gestaltung einfach „leisten". Simplifizierung erfordert Aufwand: Je stärker die Bemühungen zur Vereinheitlichung und zur Simplifizierung sind, desto mehr Kraft muss also dahinter stecken. Konsumenten haben aus ihrer Erfahrung gelernt, dass unordentlich und selbst gemacht wirkende Gestaltung ein Anzeichen für ein nicht erfolgreiches, unprofessionelles und damit wenig vertrauenswürdiges Unternehmen ist.

Den Zusammenhang zwischen Ästhetik und Usability untersuchte der Psychologe Dr. Meinald Thielsch im Jahr 2008[22]. Dabei unterscheidet er Usability als „Störungsfreiheit", also das Fehlen negativer Erfahrungen beim Nutzen einer Website, und die Ästhetik im Sinne eines subjektiven emotional positiven Empfindens durch den Nutzer. Die Studie kommt zu dem Ergebnis, dass die weit verbreitete Idee „Form Follows Function" nicht ohne Weiteres gilt. Der subjektiven ästhetischen Wahrnehmung durch die Nutzer kommt eine sehr hohe Bedeutung zu[23]. Besonders spannend ist, dass die Empfindung von Ästhetik sehr stabil ist und bereits nach 500 Millisekunden zu beobachten ist. Die Forschung unterstreicht, dass die positive Wirkung durch eine ästhetische Gestaltung besonders zu Beginn des Websitebesuchs ein wichtiger Faktor ist. Die Studie

---

22 Thielsch, M. T. (2008). Ästhetik von Websites. Wahrnehmung von Ästhetik und deren Beziehung zu Inhalt, Usability und Persönlichkeitsmerkmalen. Münster: MV Wissenschaft.

23 *http://idw-online.de/pages/de/news436697*

bestätigt, dass Nutzer eine schlechte Usability bei hoher Ästhetik sogar in Kauf nehmen.

Ein ganz ähnlicher Effekt gilt für die Ladezeiten einer Website oder eines Onlineshops: Eine schnelle Ladezeit beweist, dass es sich um einen professionellen Anbieter handelt, nur unfähige Kleinstbetriebe, um es einmal überspitzt aus der Konsumentenperspektive zu formulieren, schaffen es nicht, für genügend High-Tech beim Hosting zu sorgen und schnelle Ladezeiten zu gewährleisten. Die Auswirkungen von Ladezeiten auf die Konversionsrate wurden inzwischen eingehend untersucht.

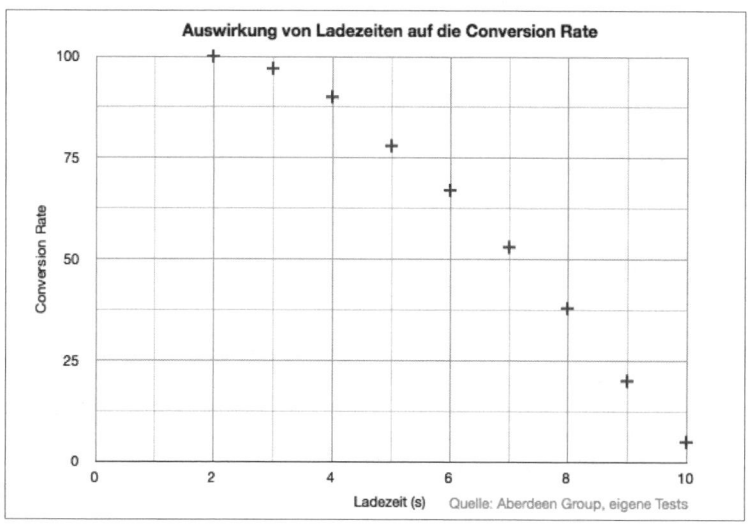

**Abbildung 4.25:** Auswirkungen der Ladezeit auf die Conversion-Rate (Quelle: Aberdeen Group[24], eigene Untersuchungen)

Neben dem Vertrauen in die Seriosität und Professionalität des Anbieters spielt bei der Ladezeit sicherlich auch der Aspekt der Convenience / des Komforts eine wichtige Rolle, jedoch nicht ausschließlich. Selbst

---

24  *http://www.aberdeen.com/Aberdeen-Library/5136/RA-performance-web-application. aspx*

die Reihenfolge des Seitenaufbaus und das Ladeverhalten (das sich inzwischen technologisch gut steuern lässt) hinterlassen in den ersten und wichtigsten Sekunden oder Millisekunden des Besuchs einen bleibenden Eindruck. Vermeiden Sie, dass Ihre Seite in den Sekunden des Aufbaus kaputt aussieht, vermeiden Sie am besten, dass es überhaupt mehrere Sekunden dauert.

**Meine Tipps für mehr Vertrauen durch ein professionelles Erscheinen:**

– Vermeiden Sie Durcheinander und sorgen Sie für Ästhetik. Die einfache Regel im Kopf des Konsumenten lautet „schön = gut". Finden Sie heraus, wie Ihre Kunden- und Zielgruppe „schön" definieren und testen Sie die Auswirkungen.

– Verwenden Sie niemals ein Standard-Template eines Standardshops oder CMS. Onlinenutzer kennen inzwischen die typischen Layouts der Mietshops und Billiglösungen. Falls es so ist, darf für Ihre Kunden niemals sichtbar werden, dass Sie sich keine Individualisierung der Shop- oder Websitefassade für Ihr Unternehmen leisten können.

– Geben Sie vor allem Ihrer Marke Raum. Ihr Logo muss nicht groß sein, wenn es rund herum genügend Platz und Abstand zu anderen Elementen hat. Dieser Aspekt ist gleichzusetzen mit einem selbstsicheren Auftreten. Konsumenten haben gelernt, dass es große und vertrauenswürdige Anbieter einfach nicht nötig haben, ihr Logo riesengroß abzubilden.

– Simplifizieren Sie Elemente und vermeiden Sie zu viele Spielereien. Auch hier sagt die subjektive Erfahrung der Konsumenten, dass besonders große Anbieter Dinge vereinfachen müssen. Zu viele Dinge und zu viele Spielereien sind meist das Werk kleiner, unprofessioneller Anbieter.

– Optimieren Sie die Ladezeiten Ihrer Seite durch guten HTML-Code. Investieren Sie in ein leistungsfähiges Hosting. Vermeiden Sie zu viele externe JS-Aufrufe und fassen Sie mehrere Grafiken und Icons zu einem Sprite zusammen. Jede Sekunde Ladezeit ist am Ende bares Geld auf Ihrem Konto.

## 4.6.3 Social Proof

Es ist ein natürliches Verhalten des Menschen, dem Urteil anderer Menschen zu vertrauen. Dabei zählt die Meinung eines guten Freundes mehr als die eines unbekannten Landsmannes, in der Ferne zählt die des Landsmannes wiederum mehr als die eines Fremden. So schauen wir uns stets ab, was unsere Peer-Group, also die Gruppe von Menschen, mit denen wir uns gerade identifizieren, bevorzugt und orientieren uns an ihrem Geschmack. Üblicherweise durch Mund-zu-Mund-Propaganda übertragen, ist die Gruppenmeinung eine wichtige Orientierungshilfe. Sich gegen die kollektive Meinung der Gruppe zu entscheiden, könnte fehlende Anerkennung der Gruppe oder gar Ablehnung zur Folge haben. Oder würden Sie einen Billigwein aus dem Tetra-Pak auf den Tisch stellen, wenn Sie wissen, dass Ihre Gäste Weinkenner sind? Wahrscheinlich nicht. Nicht einmal, wenn Ihnen dieser Wein selbst am aller besten schmeckt. Die Akzeptanz der Gruppe ist uns wichtiger. Und so vertrauen wir umgekehrt auf die Meinung der Gruppe, wenn es um die Bewertung potenzieller Handwerker, Einkaufsläden oder Lieferanten geht.

Elemente, die diesen Mechanismus in die Onlinewelt übertragen, sind die Darstellung der Anzahl von Kunden oder Transaktionen sowie Bewertungen des Anbieters durch Kunden oder Produktbewertungen durch Käufer. Facebooks „Likes" und Googles „+1", Tweets und die Anzahl sozialer Bookmarks zählen ebenso zu typischen Elementen, die die Anerkennung einer Sache durch die Gruppe demonstrieren.

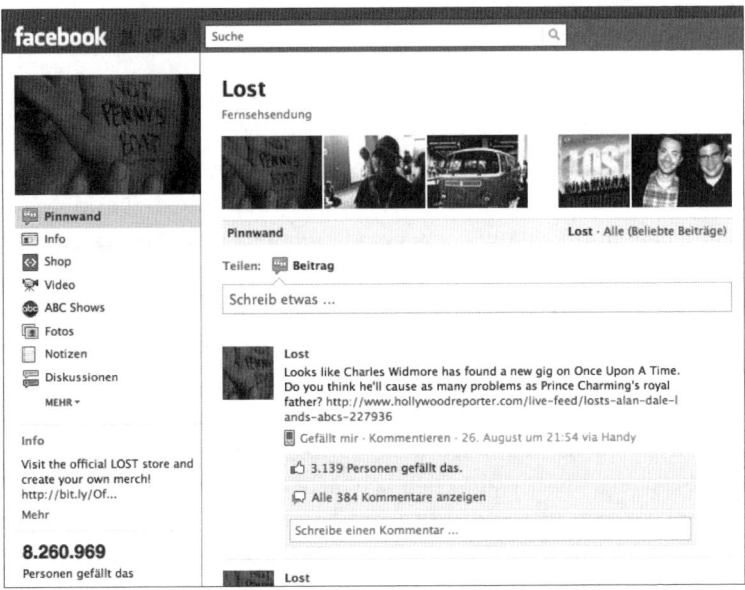

**Abbildung 4.26:** Die TV-Serie LOST zählt bei Facebook Mitte 2011 über acht Millionen Fans

Besonders spannend ist die Fähigkeit sozialer Netzwerke, bekannte Gesichter unter den Fans und Likes einer fremden Marke zu zeigen, schließlich trauen wir einem guten Freund mehr als einem wildfremden Kunden.

Die Anzahl der Fans, Likes und +1 ist die virtuelle Variante der Schlange vor dem Restaurant. Es zeigt, dass andere Menschen eine Sache gut finden, es belebt eine Website oder einen Onlineshop im Idealfall mit den Gesichtern von anderen Freunden. Es müssen aber nicht unbedingt externe Plug-ins und Widgets sein, die die Akzeptanz durch andere zeigen. Mozilla hat beispielsweise auf der Downloadseite des Firefox-Browsers einfach die Anzahl der bisherigen Download eingeblendet, getreu dem Motto „So viele Menschen können nicht irren".

**Abbildung 4.27:** Website Mozilla mit fast 80 Millionen Downloads

Unterschiedliche Faktoren sind entscheidend dafür, ob das Signal als glaubwürdig eingestuft wird. So kommuniziert Mozilla eine präzise Zahl; im Gegensatz zu einem einfach Text „über zehn Millionen Downloads" verstärkt das die Glaubwürdigkeit enorm. Zum anderen verändert sich die Zahl mit jedem Download - es gibt also einen Proof of Concept für jeden Besucher, da die Veränderung nachvollziehbar ist.

Was die Anzahl der Kunden bei B2C-Seiten aus Handel und Dienstleistungen ist, lässt sich für die meisten Fälle mit Referenzen in den B2B-Bereich übertragen. Hier zählen die Namen bekannter Kunden als Reputation für die eigene Dienstleistung oder die Qualität der Waren. Auch hier zahlen vor allem Authentizität und die Detailtreue, in der die Angaben gemacht werden, auf die Glaubwürdigkeit ein.

**Meine konkreten Tipps für mehr Vertrauen durch Social Proof:**

– Konsumenten vertrauen auf die Einschätzungen anderer Konsumenten. Es gibt kaum einen stärkeren Effekt. Holen Sie sich Bewertungen von Ihren Kunden und blenden Sie diese Kundenbewertungen für alle anderen Kunden ein.

– Es zählt nicht bloß die Anzahl von Sternchen, Geschichten wirken glaubwürdiger. Je deutlicher das echte Erlebnis der Kunden in der Bewertung wird, desto glaubwürdiger werden die Bewertungen. Ermutigen Sie Ihre Kunden, möglichst genaue Angaben zu machen, um den Wert der Bewertungen zu erhöhen.

– Demonstrieren Sie, dass Sie ein erfahrener und zuverlässiger Anbieter sind, indem Sie Zahlen als Beleg präsentieren. Machen Sie die Anzahl der Kunden oder Transaktionen sichtbar. Nennen Sie reale und präzise Zahlen, testen Sie die Auswirkung unterschiedlicher Positionen auf der Startseite.

– Vermeiden Sie alles, was nicht echt und unauthentisch wirkt. Selbst wenn sie echt sind, wirken Aussagen wie „Martin M. aus H. sagt: Spitzenservice!" unglaubwürdig und zerstören sogar vertrauen. Das gleiche gilt für Testimonials und Kundenabbildungen, die nicht echt wirken.

– Das Prinzip der Referenzen (vor allem bei Dienstleistern und im B2B-Sektor) ist ähnlich. Jede Aussage muss echt und authentisch wirken. Sorgen Sie daher für glaubwürdige Geschichten, statt oberflächlicher, allgemeingültiger Aussagen.

– Glaubwürdigkeit entsteht durch das Vorhandensein differenzierter Meinungen. Sorgen Sie dafür, dass auch unzufriedene Kunden zu Wort kommen. Nehmen Sie verständnisvoll Stellung zu negativem Feedback und gehen Sie mit Respekt mit Beschwerden um.

– Genügend Fans und Feedback vorausgesetzt: Machen Sie Likes und +1 durch die Einbindung entsprechender Widgets sichtbar. Profitieren Sie davon, dass Facebook und Co. echte Gesichter von echten Freunden anzeigen, sofern die Privatsphäre das zulässt. Testen Sie die Einbindung eines solchen Widgets im A/B-Test und überprüfen Sie die Auswirkungen auf Bounce- und Abbruchrate.

## 4.6.4 Die Abhängigkeit der Faktoren untereinander

Sie gehen eher in ein Restaurant, das mit einem Gütesiegel ausgezeichnet ist, aber nicht, wenn es in einem schlechten äußeren Zustand ist (vielleicht kam ja einfach lange kein Inspektor der ausstellenden Autorität vorbei). Der Äußere Eindruck und ein professionelles Auftreten „schlägt" also den Effekt der Autorität. Umgekehrt würden Sie jedoch der seriösen Empfehlung eines guten Freundes vertrauen, selbst wenn das Restaurant weder ausgezeichnet wurde noch von außen einen wirklich guten Eindruck macht. Die Empfehlung im Sinne sozialer Bewährtheit schlägt also wiederum den äußeren Eindruck und die Autorität. Am besten Sie sorgen dafür, dass alle drei Faktoren dafür sorgen, dass Ihre Website oder Ihr Onlineshop von Grund auf in den ersten Sekunden als vertrauenswürdig eingestuft wird. Die Zusammenhänge der Faktoren untereinander machen jedoch klar, wo für Sie die besten und wirksamsten Möglichkeiten sein können, je nach dem, auf welche Grundlagen Sie zurückgreifen können. Vor allem die Arbeit mit echten Kundenempfehlungen, Likes, Fans und Bewertungen ist schwierig, wenn kein Material vorhanden ist. Zu wenige Empfehlungen und Likes können schließlich umgekehrt misstrauisch machen. Kümmern Sie sich daher darum, dass eine kritische Masse zusammenkommt und blenden Sie die Zahlen erst dann ein.

# 4.7 Orientierung

Primärfragen des Nutzers zur Orientierung sind folgende:

- Wo muss ich klicken?
- Was wird von mir erwartet?
- Wo kann ich überhaupt suchen?
- Wo ist die Navigationsleiste?

Jeder, der schon einmal nach einer neuen Hose geschaut hat, kennt das Problem. Auf einmal stehen fünf, sechs oder sieben Modelle zur Auswahl, die alle passen würden und die sich nur in kleinen Details unterscheiden. In einer solchen Situation fällt die Orientierung und damit die Entscheidung jedem Konsumenten sehr schwer. Das menschliche Gehirn hat zwar eine enorme Kapazität und Rechenleitung, es ist aber auch das Organ im menschlichen Körper mit dem höchsten Energieverbrauch pro Masse. Der Prozessor in unserem Kopf macht nur zwei Prozent des Körpergewichts aus, er verbraucht jedoch rund 20 Prozent der Energie. Deshalb hat die Natur unsere Rechenleistung in den so genannten Energy-Save-Modus gesetzt.

Seit etwa 20 000 Jahren hat sich das menschliche Gehirn kaum verändert. Daher ist es nicht verwunderlich, dass es eher eine Schätzmaschine als ein leistungsfähiger Logikapparat zum Vergleichen unzähliger Faktoren ist. Das erklärt, warum uns Situationen der Auswahl grundsätzlich schwer fallen. Unser Gehirn versucht durch Abschätzen einerseits die optimale Entscheidung zu finden und andererseits das Risiko einer möglichen Fehlentscheidung zu minimieren. Spätestens wenn die Faktoren nicht mehr direkt miteinander vergleichbar sind, kommt es zu einem Effekt, den wir Paradoxon of Choice nennen und der wie im eben genannten Beispiel dazu führt, dass Menschen lieber keine Entscheidung treffen, als dass sie das Risiko einer falschen Entscheidung eingehen.

Was passiert also, wenn Onlinenutzer auf einer Website oder in einem Shop mit unzähligen Optionen konfrontiert werden? Was glauben Sie, wie viele der Abbrecher und Nichtkäufer Ihre Website aufgrund des eben beschriebenen Effekts sofort verlassen? Onlinenutzer brauchen also klare Leitlinien und eine eindeutige Nutzerführung, um sich orientieren zu können. Die visuelle Architektur einer Seite muss klar machen, an welcher Stelle welche Optionen überhaupt sinnvoll und relevant sind. Die Gestaltung muss es leisten, die unnötigen Entscheidungsoptionen zurück zu nehmen und den Fokus auf die wichtigen Elemente zu legen. Bryan Eisenberg prägte 2006 in seinem Buch „Call to Action – Secret Formulas to Improve Your Conversion[25]" den Begriff „Call-to-Action". Die dahinter liegende Idee ist simpel und eindeutig: Es geht darum, für den Onlinenutzer nur die Elemente hervorzuheben, die im nächsten sinnvollen Schritt zur Conversion wirklich nötig sind. Die simple Faustformel heißt: Je weniger Entscheidungsmöglichkeiten und Call-to-Action-Elemente, desto geringer ist die Gefahr von Abbrüchen aufgrund von kognitiver Überforderung.

Doch es gibt noch weitere spannende Effekte, die die Wahrnehmung von Onlinenutzern und ihre Entscheidungen beeinflussen. So ist inzwischen wissenschaftlich bestätigt[26], dass Onlinenutzer die Angebote auf Website nicht linear oder selektiv konsumieren, sondern vergleichbar mit dem progressiven Aufbau eines Bildes zunächst abscannen und nach relevanten Informationen Ausschau halten. Erst im nächsten Schritt steigen sie tiefer ein und lesen einzelne Absätze und Überschriften (skimmen). Sie konsumieren nur die Inhalte, die wirklich nützlich sind (lesen). Auch dieses Verhalten dient dazu, den Aufwand, mit dem das menschliche Gehirn Informationen verarbeitet, zu minimieren und Energie einzusparen. Das Verhalten des Scannens,

25  Call to Action: Secret Formulas to Improve Online Results, Thomas Nelson, ISBN-10: 078521965X
26  http://www.useit.com/alertbox/9710a.html

Skimmens und Lesens macht es erforderlich, Seiten entsprechend dieses Verhaltens aufzubauen. Die visuelle Architektur einer Seite muss das natürliche Verhalten der Onlinenutzer unterstützen. Wir nennen dieses Prinzip „Visual Discoverability[27]", benannt nach dem amerikanischen UX-Forscher Michael Summers[28].

Aus unserer natürlichen Umgebung in der realen Welt hat unser Gehirn gelernt, visuelle Informationen zu verarbeiten und optische Reize der Größe und Form in Bezug zu anderen Elementen zu setzen. So genannte Kontrasteffekte sind wichtig, damit Menschen überhaupt Entscheidungen treffen können.

Jeder Klick ist eine Entscheidung. Damit Nutzer eine solche Entscheidung treffen können, kristallisieren sich die folgenden Effekte als wichtig heraus:

1. Visuelle Hierarchien

2. Risikovermeidungsprinzip

3. Paradoxon of Choice

## 4.7.1 Visuelle Hierarchien

Die Besucher lesen Ihre Website oder die Inhalte Ihres Onlineshops nicht wirklich durch. Nicht einmal ansatzweise. Jedenfalls nicht sofort. Das Auge überfliegt in den ersten Sekunden die Elemente, die es für am wichtigsten einschätzt. Die automatischen Programme unseres Gehirns lassen den Blick über Elemente fliegen, die wichtig aussehen, ohne sie zu lesen oder zu verstehen.

---

27  *http://www.summersconsulting.net/sc/research.html*
28  Creating Websites That Work, Michael Summers & Kathryn Summers, Cengage Learning 2004, ISBN-10: 0618226052

**Abbildung 4.28:** Visuelle Hierarchien bei Apple (links) und Dell (rechts) im Vergleich

Forscher haben inzwischen die Prinzipien erkannt, nach denen der Blick automatisch in kürzester Zeit eine Seite im Browser nach brauchbaren Informationen und Elementen abscannt. Eine Verarbeitung in so kurzer Zeit ist nur deshalb möglich, weil unser Autopilot, das heißt die unterbewussten Prozesse unseres Gehirns, die Steuerung übernehmen. Dabei gelten wenige einfache Regeln, um eine hohe Geschwindigkeit zu gewährleisten.

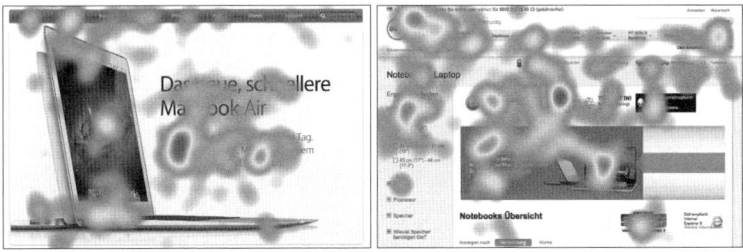

**Abbildung 4.29:** Die beiden Seiten im Eye-Tracking-Vergleich – die Heatmap zeigt die Stellen, die in den ersten neun Sekunden vom Auge fixiert werden (Fixationen)

Vor allem im direkten Vergleich zwischen einer komplexen Seite mit vielen Informationen und Funktionen und einer einfachen Seite mit klaren Strukturen fällt auf, woran sich der Autopilot im Kopf des Menschen bei der Blicksteuerung orientiert und woran unsere Blicke für den Bruchteil einer Sekunde hängen bleiben (so genannte Fixationen).

Die Forscher der Universität Münster rund um Prof. Dr. Peter König haben unter anderem folgende Prinzipien[29] entdeckt:

- Kontrast (Helligkeit, Textur, Farbsättigung, rot/grün, blau/gelb)

- Bewegung

- Räumliche Tiefe

- Dimensionalität

Diese Prinzipien lassen als Mechanismus in einer Software abbilden und auf Bilder anwenden. Die mithilfe dieser Software generierten Auswertungen liefern eine Vorhersage über die Punkte und Bereiche, an denen die Blicke der Nutzer hängenbleiben werden. Nach eigenen Angaben verschiedener Hersteller solcher Systeme beträgt die Korrelation etwa 70 bis 80 Prozent.

In der Praxis habe ich die Leistungsfähigkeit der „künstlichen" Aufmerksamkeitsanalyse mit den Ergebnissen aus dem Eye Tracking eines realen Nutzertests verglichen.

---

29  Prof. Dr. Peter König, „Hirnforschung Meets Webdesign", Vortrag auf dem Neuromarketing Kongress Mai 2011, München

**Abbildung 4.30:** Die Website apple.de in der Aufmerkamkeitsanalyse mit dem Tool „attentionwizard. com". Die Headline und die linke obere Ecke des Monitors sind die aufmerksamkeitsstärksten Punkte

**Abbildung 4.31:** Die gleiche Website in der Eye-Tracking-Analyse. Es zeigt sich, dass der Text deutlich intensiver gelesen wird und andere Details des Computers betrachtet werden als in der Simulation angenommen

Ein weiterer Test verdeutlicht die Unterschiede:

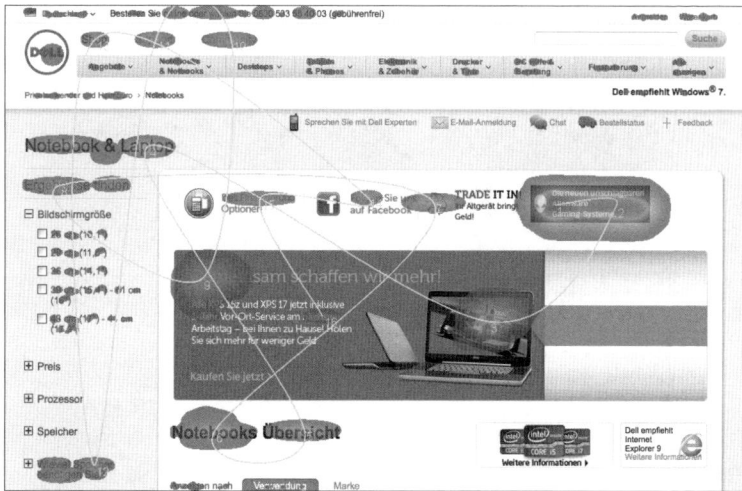

**Abbildung 4.32:** Die Website von dell.com in der computergestützten Aufmerksamkeitsanalyse. Ein Werbebanner im rechten Bereich der Seite wird als wichtigster Punkt identifiziert.

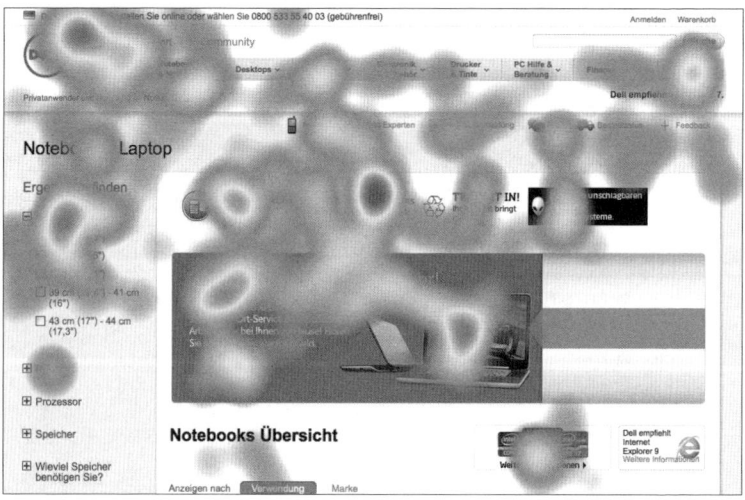

**Abbildung 4.33:** In der Realität liegt viel mehr Aufmerksamkeit auf Logo, Filtern und den Werbebannern links und in der Mitte, als vom System in der automatischen Analyse angenommen wurde.

Es fällt auf, dass das menschliche Gehirn nicht nur den Kontrasten folgt, sondern auch auf inhaltlicher Ebene bestimmte Muster interpretiert. Besonders auffällig ist, dass Gesichter von Menschen besonders starke Anziehungskraft auf Websites haben. Begründbar ist das mit instinktiven Reaktionen auf neue Gesichter, um deren Absichten zu interpretieren. Schließlich kann die Antwort auf die Frage, ob es sich bei dem Gegenüber um einen potenziellen Angreifer handelt, überlebenswichtig sein. Das menschliche Gehirn analysiert daher in Millisekunden Gesichtsausdruck und Körpersprache abgebildeter Personen, um sich eine Meinung zu bilden.

**Abbildung 4.34:** Website in der Eye-Tracking-Analyse, links das Original, rechts mit nachträglich eingefügtem Button[30]

Außerdem verarbeitet das Gehirn zusätzliche Informationen, zum Beispiel die Blickrichtung des Gegenübers. Der Blick könnte schließlich auf etwas gerichtet sein, was im Kontext hilfreich zur Einschätzung der Absichten ist: eine Waffe oder eine weiße Flagge (um bei dem urzeitlichen

---

30  *http://www.konversionskraft.de/landing-page-optimierung/landing-page-optimierung-tipp-3.html*

Hintergründen zu bleiben). Das Auge folgt also der Blickrichtung abgebildeter Personen. Das ist ein Umstand, der sich gezielt bei der Gestaltung von Websites nutzen lässt, wie das oben abgebildete Beispiel zeigt.

Daraus ergibt sich für Screendesigner und Informationsarchitekten ein umfangreicher Werkzeugkasten von Prinzipien, der dazu beiträgt, den Nutzern die Orientierung zu vereinfachen. Die Prinzipien dienen als optische Leitlinien und helfen, visuelle Hierarchien herzustellen. Ein Design oder Layout, das dem Nutzer diese Leitlinien liefert, macht es ihm einfacher, die Seite in den ersten Sekunden zu erkunden und zu verstehen. Visuelle Hierarchien tragen dazu bei, dass sich der kognitive Aufwand bei der Erkundung der Seite durch den Nutzer verringert. Dieser Umstand hilft dem Website- oder Shopbetreiber wiederum, die wichtigen Elemente und Inhalte überhaupt in das Blickfeld des Nutzers zu bringen.

Die US-Designerin Sandra Niehaus hat die Faktoren in einem Blogpost[31] sehr treffend zusammengefasst. Zusammen mit eigenen Erkenntnissen aus Nutzertests und den Forschungsergebnissen von Prof. Dr. König und seinem Team lassen sich die in der Praxis anwendbaren Faktoren zur Gestaltung visueller Hierarchien wie in der folgenden Abbildung zusammenfassen.

---

31  *http://www.closed-loop-marketing.com/blog/2011/02/02/pop-this-how-to-manage-visual-hierarchy-for-conversion/*

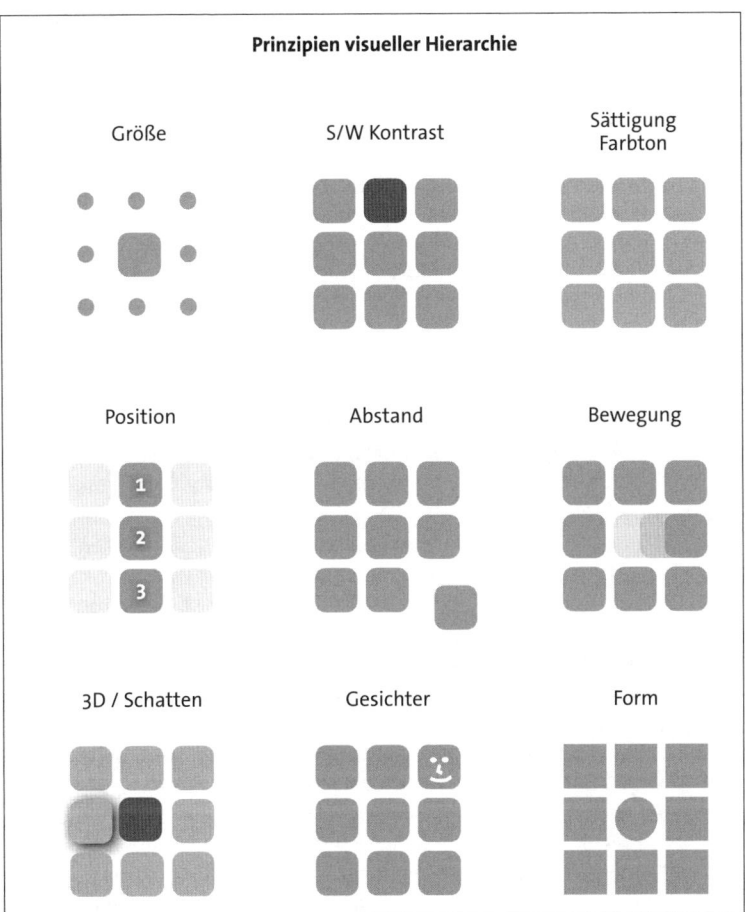

**Abbildung 4.35:** Faktoren, die die Aufmerksamkeit der Nutzer steuern, nach Niehaus/König/eigene Forschung

**Meine konkreten Tipps für mehr Orientierung durch visuelle Hierarchie:**

- Priorisieren Sie die Elemente, die für die Konversion wirklich wichtig sind, bereits bei der Konzeption in Form eines Wireframes. Färben Sie die wichtigeren Bereiche nach der „Niehaus-Methode" dunkler ein als die unwichtigen. So liefern Sie dem Designer bereits wichtige Informationen über die Hierarchien der Website.
- Für bestehende Websites und Onlineshops: Räumen Sie gnadenlos auf. Ablenkende und störende Elemente sind einer der bedeutsamsten Conversion-Killer auf Seiten. Testen Sie die Veränderungen, wenn Sie auf Werbung für den Newsletter, für Sonderangebote oder die aktuellen Finanzierungskonditionen verzichten.
- Glauben Sie nicht blind den Leuten, die Ihnen sagen wollen, wie viel Umsatz mit diesen Elementen gemacht wird. Testen Sie einfach, wie viel mehr Umsatz Sie ohne diese Elemente machen werden.
- Packen Sie alle für die primäre Konversion erforderlichen Elemente auf einer Seite in eine Box, die visuell hervorsticht. Bei Onlineshops befinden sich in der Buy-Box die Größen- und Variantenauswahl, Mengeneingabe und der Warenkorbbutton. Testen Sie unterschiedliche Positionen dieser Box.
- Vor allem auf Einstiegsseiten ist es wichtig, dass Nutzer sofort die Suchfunktion und die Primärnavigation erkennen. Die Elemente der Navigation sind zusätzlich unter dem Aspekt der Relevanz wichtig. Sorgen Sie dafür, dass diese Elemente erwartungskonform platziert und sofort erkennbar sind.
- Testen Sie unterschiedliche Positionen der Suchfunktion. Für manche Onlineshops ist eine Position oberhalb der Primärnavigation besser, für manche ist die Position rechts oben oder unter der Navigation die beste.

- Geben Sie vor allem dem primären Call-to-Action-Button einen alleinstellenden Farbkontrast. Setzen Sie sich notfalls über Corporate-Design-Richtlinien hinweg und testen Sie eine auffällige Farbe, die sonst auf der Website nicht vorkommt.
- Vermeiden Sie den Banner-Blindness-Effekt: Vor allem Elemente, die aufgrund von Animation und einer auffälligen Gestaltung besonders hervorstechen sollen, werden von Nutzern als irrelevante Werbung eingestuft. Oft muss ich erleben, dass sinnvolle Funktionen (zum Beispiel Onlineberater) nicht genutzt werden, weil Nutzer die entsprechenden Elemente als Werbung empfingen und komplett ausblenden.

## 4.7.2 Risikovermeidungsprinzip

Unabhängig von der visuellen Orientierung spielen oft psychologische Gründe eine wichtige Rolle, wenn es darum geht, warum Nutzer eine Handlung nicht ausführen. Sie klicken einfach nicht auf den Button, obwohl sie ihn sehen. Auch wenn dieser Aspekt nicht eindeutig dem Prinzip der Orientierung (also den Button überhaupt finden) zuzuschreiben ist, ordne ich ihn dieser Ebene zu, weil es darum geht, im Rahmen mehrerer Klicks auf einer Website oder einem Onlineshop überhaupt an die richtige Stelle zu kommen, an der die Aktion durchgeführt werden soll. Die meisten Nutzer klicken mehrmals, bevor sie einfach abbrechen. Was lässt sie an einer bestimmten Stelle einfach aufhören? Warum scrollen manche Nutzer auf Landing Pages weit nach unten, um dann nicht zu klicken?

In A/B-Test hat man festgestellt, dass Seiten mit einem Buttons, die fünf bis sieben Worte enthalten, eine höhere Konversionsrate haben als die mit ein oder zwei Worten. Das liegt bestimmt nicht daran, dass es Menschen Spaß macht, mehr zu lesen als unbedingt nötig. Vielmehr liegt das an einem ganz einfachen Prinzip: dem Risikovermeidungsprinzip. Die Buttons mit mehr Worten enthalten einfach mehr Informationen darüber, was nach dem Klick passiert, zum Beispiel „Hier klicken, um das Ergebnis zu sehen" oder „Hier Klicken, um die Zahlungsmöglichkeit auszuwählen", während Buttons mit nur ein oder zwei Worten typische Bezeichnungen wie „Jetzt klicken", „Abschicken" oder „Weiter" enthalten. Warum haben diese Buttons mit weniger Worten eine geringere Konversionsrate? Weil Onlinenutzer stets versuchen, das Risiko einer möglichen Fehlentscheidung zu minimieren. Dabei ist die Information, welche Konsequenzen ihre Handlung haben wird, extrem wichtig. Ein Button, der dem Nutzer also eindeutig verrät, was nach dem Klick passieren wird, minimiert das Risiko einer Fehlentscheidung und erhöht dadurch die Konversionsrate.

Dazu zählen jedoch nicht nur eindeutige Bezeichnungen von Buttons. Im Rahmen eines Websitebesuchs sammeln die Nutzer in der Regel Fragen. Manchmal sind es kleine Unsicherheiten, ein anderes Mal sind es Verständnisprobleme und Unsicherheiten.

Auf dem Weg zum eigentlichen Ziel wird eine bestimmte Anzahl an Seitenwechseln, Buttons oder Ebenen in einem Funnel durchschritten, aber an einer bestimmten Stelle ist einfach Schluss. Nehmen wir ein typisches Beispiel: Interessenten einer Lebensversicherung müssen zahlreiche Fragen beantworten, bevor die Anbieter ein konkretes Angebot unterbreiten können. Viele dieser Anfrageformulare und Beitragsrechner ziehen sich über mehrere Seiten, und an vielen Stellen gibt es Fragen und Unklarheiten. Irgendwann kommt die eine Unsicherheit, die das Fass zum Überlaufen bringt. Alle vorangegangenen Micro-Conversions und die darin investierte Zeit und Energie werden vom Nutzer einfach „weggeworfen" und der Besuch ohne Ergebnis beendet. Die Erklärung für dieses Verhalten ist einfach: Die Menge der Unsicherheiten und Fragen hat die zur Verfügung stehende Handlungsbereitschaft überschritten. Es scheint beinnahe wie bei einem „virtuellen Rabattmärkchenheft der Unsicherheiten", es werden so viele negative Erfahrungen gesammelt, bis das Heftchen voll ist. Dann wird der Besuch abgebrochen und die Konversion rückt unerreichbar weit in die Ferne.

Dazu können unklare Buttonbezeichnungen ebenso beitragen wir unklare Inhalte, unverständliche Elemente, nicht nachvollziehbare Informationen. Oftmals beobachte ich in Nutzertests, dass die Elemente mit den gesuchten Antworten sogar vorhanden sind, jedoch einfach nicht gefunden werden. Ästhetisch gestaltete kleine Info-Icons sehen in komplizierten Formularen so gut aus, dass sie überhaupt nicht auffalen – der Funnel stirbt in Schönheit. Um die Nutzer in der Orientierungsphase auf dem Weg zum eigentlichen großen Konversionsziel nicht zu verlieren, ist es daher nötig, ununterbrochen Antworten zu geben auf jede mögliche Form von Fragen und Unsicherheiten, die aufkommen könnten.

**Meine Tipps für mehr Orientierung durch weniger Risikovermeidung:**

- Arbeiten Sie mit Bezeichnungen in Buttons, die dem Nutzer die Konsequenz des Handelns klar machen. Schreiben Sie eindeutig auf den Button, was im nächsten Schritt passieren wird, nur so können Nutzer ihre persönliche Kosten-Nutzen-Rechnung machen und eine Entscheidung treffen.
- Suchen Sie gezielt nach möglichen Stellen im Konversionsprozess, der Fragen oder Unklarheiten bei Nutzern hervorrufen kann. Bieten Sie an diesen Stellen Hilfen an, zum Beispiel durch ein deutlich sichtbares Hilfe-Icon, das einen kurzen Text einblendet, wenn der Nutzer mit der Maus darüber geht. Testen Sie die Auswirkung solcher Elemente auf die Bounce-Rate der Seiten.
- Bieten Sie außerhalb des Web Hilfe an, falls sich Nutzer nicht bis zum primären Konversionsziel vorarbeiten können. Investieren Sie stattdessen lieber in einen anderen Kanal (Telefon, Chat etc.), bevor Sie den Nutzer komplett verlieren, weil Sie ihm im Prozess nicht die nötige Hilfe und Orientierung geben können. Testen Sie den ROI entsprechender Angebote, bevor Sie eine finale Investition tätigen.

### 4.7.3 Paradoxon of Choice

Zu viel Auswahl macht unglücklich oder noch schlimmer. Zu viel Auswahl verunsichert sogar. Unsicherheit ist ein Zustand ganz in der Nähe von Angst. Der US-Psychologe Barry Schwartz hat dazu ein Buch mit dem Treffenden Titel „Anleitung zur Unzufriedenheit – warum weniger glücklicher macht[32]" geschrieben. Schwartz plädiert dafür, unnötige Auswahlmöglichkeiten bei Produkten zu beseitigen, um nicht ungewollt Ängste zu provozieren. Als Ursache für diesen Effekt führt er an, dass immer mehr Dinge zur Auswahl stehen, und das bei immer weniger Zeit, um diese Auswahl zu treffen.

**Abbildung 4.36:** Überfluss im Supermarkt (Foto: 06photo, istockphoto.com)

Die Menge der Auswahl korreliert daher mit der Intensität der Unsicherheit, die bei einer nötigen Entscheidung die Folge ist. Immer ähn-

---

32  Barry Schwartz, „The Paradox of Choice: Why More Is Less", Ecco, 2003, ISBN-10: 0060005688

entwickler.press

lichere Produkte und immer weniger Zeit bei der Auswahl, gekoppelt mit einer immer höher werdenden Komplexität durch ständig steigenden Informationsfluss steigern die Problematik sogar.

Der Entscheidungsprozess, der für jede Entscheidung und damit für jeden Klick auf einer Seite nötig ist, skizziert Schwartz aus Konsumenten- oder Nutzersicht wie folgt:

1. Identifiziere das Ziel oder die Ziele: Was will ich überhaupt? Das ist die Grundlage, die Messlatte für die zur Verfügung stehenden Optionen.

2. Identifiziere die Wichtigkeit jedes Ziels: Dabei zählen Vorurteile und Erlebnisse stärker als der Rat der Experten.

3. Identifiziere den Entscheidungsrahmen: Was steht zur Auswahl?

4. Evaluiere, wie gut jede Option zu den Zielen passt: Dabei spielen subjektive und emotionale Faktoren eine stärkere Rolle, als bislang angenommen.

5. Wähle die Siegervariante aus.

6. Falls es nicht passt, verändere die Ziele und Parameter.

Schwartz zieht Resultate aus der Glücks- und Zufriedenheitsforschung heran, um zu beweisen, dass dieser Entscheidungsprozess bei steigender Auswahl für immer mehr Unzufriedenheit sorgt. Aus meiner persönlichen Beobachtung heraus zeigt sich, dass diese Strategie nicht bloß für Kauf- oder Investitionsentscheidungen von Konsumenten gilt, sie gilt für jeden Klick eines Internetnutzers auf dem Bildschirm. Sein Risiko ist es nicht nur, etwas Falsches zu kaufen oder Geld zu verlieren. Sein persönliches Risiko beginnt bereits in einem Bereich, bei dem es darum geht, unnötige Klicks zu vermeiden und Zeit zu sparen.

Je mehr Optionen zur Verfügung stehen, desto schwieriger wird die Entscheidung. Je unterschiedlicher die Faktoren sind, die bei einer Entscheidung zu berücksichtigen sind, desto unsicherer wird das Ergebnis. Die Komplexität steigt, der kognitive Aufwand geht in die Höhe. Alles in allem fühlt sich eine Entscheidung immer schlechter an, je mehr Optionen zur Verfügung stehen. Insbesondere, wenn die Vergleichbarkeit der Produkte und Leistungsfaktoren kaum gewährleistet ist. Zu starke Alleinstellung kann vor allem bei komplexen Produkten dadurch zum Konversionskiller werden.

Wenn es um die Orientierung auf der Website oder dem Onlineshop geht, sind die Faktoren, die durch die Nutzer zu evaluieren sind, ebenfalls sehr unterschiedlich. Manche Links stehen in einer Navigationsleiste, manche klappen aus, manche stehen rechts. Andere stehen ganz oben oder ganz unten. Wieder andere sind Textlinks. Alle sind unterschiedlich benannt, und es führen viele verschiedene Wege zum gleichen Ziel. Die Begriffe decken sich mehr oder weniger mit denen, die im Kopf des Nutzers als Entscheidungsvorlage dienen. Jeder einfache Klick wird für den Nutzer, der eine Seite zum ersten Mal sieht, zum kognitiven Höllenritt. Das gleiche gilt natürlich nicht nur für Navigationselemente, sondern auch für Produktvariationen, genau so, wie Schwartz es in seinem Buch im Original auch meint. Auswahl- und Kategorieseiten auf Onlineshops sollen es dem Nutzer ermöglichen, seine Auswahl zu konkretisieren und einzuschränken. Das wird dem Nutzer nur dann gelingen, wenn er Entscheidungen treffen kann. Die Vergleichbarkeit von Produkten ist eine wichtige Voraussetzung, um Entscheidungen zu treffen. Faktoren, die zur Entscheidung nötig sind, müssen transparent dargestellt werden. Die Menge der Auswahlmöglichkeiten darf nicht zu groß sein. Filter und facettierte Navigationen übernehmen die Aufgabe, die Menge der Produkte auf ein erträgliches Maß zu reduzieren.

**Meine konkreten Tipps zur Vermeidung des Paradox-of-Choice-Effekts:**

- Simplizität: Navigations- und Suchmechanismen einer Website sollten sich auf klar definierte Bereiche und konsistente Funktionen beschränken. Zu viele unterschiedlich gestaltete Elemente sorgen für Verunsicherung und erhöhen den kognitiven Aufwand unnötig.
- Führung bieten: Komplexe Auswahlsituationen benötigen Führung. Wenn wir an das Modell von B. J. Fogg zurück denken, wird deutlich, dass es mehr als einen einfachen Button als Trigger braucht, um komplexere Prozesse zu erleichtern. Bieten Sie interaktive Einstiege über Berater, Assistenten etc.
- Für Vergleichbarkeit sorgen: Um Entscheidungen treffen zu können, brauchen Menschen die Vergleichbarkeit und Transparenz bei den Entscheidungsfaktoren. Besonders auf Übersichts-, Kategorie- und Listenseiten müssen daher die wesentlichen Faktoren angezeigt werden.
- Entscheidungsfaktoren verdeutlichen: Zeigen Sie bei Produktvergleichslisten primär die Daten und Eigenschaften an, die für den Vergleich und die Entscheidung von Bedeutung sind. Zu viele Angaben, die die Produkte nicht differenzieren, verunsichern die Nutzer unnötig. Blenden Sie solche Angaben aus oder stellen Sie sie weiter nach hinten.
- Komplexität reduzieren: Auswahlsituationen sind kognitive Herausforderungen. Je mehr Optionen zur Auswahl stehen, desto wichtiger ist es, jede unnötige Information zu eliminieren. Dazu gehören auch Hintergründe von Produktbildern, unterschiedliche Darstellungsarten in einer Übersicht etc.
- Menge reduzieren: Filter und facettierte Navigationen einsetzen, um die Menge der angezeigten Produkte oder Elemente auf ein Maß zu reduzieren, das kognitiv erfassbar ist. Die Elemente müssen aktiv angeboten werden, sobald die Menge der Elemente zu groß wird.

# 4.8 Stimulanz

Die Primärfragen des Nutzers zur Stimulanz sind folgende:

- Warum sollte ich das jetzt und hier tun?

- Gibt es wo anders eventuell nicht bessere Alternativen?

- Welchen Nutzen habe ich hier überhaupt?

Die wichtigste Frage aus Nutzersicht in Bezug auf Conversion-Optimierung lautet: Warum sollte ich das jetzt und hier kaufen" (oder machen oder abschicken). Auch im realen Leben stellen sich Menschen die Frage, ob sie etwas kaufen wollen und ob sie es wirklich brauchen. Anders als in der Situation vor dem Supermarktregal ist die Motivationslage im Internet eine ganz andere. Der Aufwand, an dieser Stelle das Geschäft zu verlassen und andere Alternativen zu suchen, ist im realen Leben schlicht und ergreifend durchaus höher. Die Aussage „Der Wettbewerber ist im Web nur einen Klick entfernt" ist daher durchaus berechtigt.

Während die Fragestellung des Konsumenten in der Realität „Soll ich das hier wirklich kaufen" lautet, heißt sie online „Warum sollte ich es jetzt und hier kaufen? Lohnt es sich, noch nach anderen Anbietern zu schauen?". Andere Anbieter könnten günstiger sein, könnten aber auch einen zuverlässigeren Eindruck machen oder wirken, als hätten sie einen besseren Kundenservice. Die Faktoren, die die Entscheidung beeinflussen, sind also vielfältig. Die Frage aus Anbietersicht lautet also: Wo lassen sich diese Fragen an dieser Stelle positiv beeinflussen? Welche Faktoren sind verantwortlich dafür, dass Onlinenutzer ein Angebot annehmen? Was stimuliert sie zum Kauf oder zum Absenden einer Anfrage? Was verhindert, dass sie noch einmal weiter schauen, ob es bessere Optionen gibt? Die Antwort auf diese Fragen liegt in vielfältigen Mechanismen, die ich anschließend im Einzelnen beschreiben werde. Die meisten dieser Mechanismen haben eines gemeinsam. Sie implizieren dem Nutzer, dass es sich nicht lohnt, weiter zu schauen

entwickler.press

oder sogar dass das Weiterschauen einen sehr hohen Preis zur Folge haben könnte. Alle diese Mechanismen beruhen auf tief im Kopf der Konsumenten verankerten Verhaltensmustern, die seit Jahrtausenden existieren und die Handlungsbereitschaft unmittelbar verändern.

Hierzu ein Praxisbeispiel: Zurück zur Restaurantsituation. Stellen Sie sich vor, Sie haben einen Blick in ein Lokal geworfen. Das Restaurant ist voll. Der Kellner im Eingangsbereich erklärt Ihnen, er habe nur noch einen einzigen Tisch frei. Sie fanden die Speisekarte ein wenig überteuert, aber insgesamt macht das Restaurant einen sehr guten Eindruck. Es stehen bereits weitere potenzielle Gäste hinter Ihnen, die es ebenfalls auf diesen einen Tisch abgesehen haben. Was geht nun in Ihrem Kopf vor? Mit ziemlich hoher Wahrscheinlichkeit werden Sie sich dazu entschließen, diesen Tisch zu nehmen und nicht in den weiteren Restaurants der Nachbarschaft schauen, ob es dort noch ein besseres Angebot gibt. Die Angst, diese Möglichkeit zu verlieren, triggert Bereiche in den Entscheidungszentren Ihres Gehirns an, die stärker sind als die Areale, die nach der optimalen Lösung suchen.

Schon Sigmund Freud vermutete ganz ohne die Hilfe moderner fM-RT-Technologie, dass wir Menschen nicht so rational arbeiten wie wir glauben. Unser Großhirn, evolutionsgeschichtlich der jüngste Teil unseres Gehirns, lässt sich von dem, was unsere emotionalen Zentren „vorentscheiden", lenken. So sind es an dieser Stelle der Kaufentscheidungen meist irrationale Gefühle, die den Ausschlag in Richtung „Jetzt kaufen" lenken, zum Beispiel die mit dem Restaurantbeispiel eingangs erwähnte Angst, das gewünschte Produkt wo anders nicht mehr rechtzeitig zu bekommen.

Auch wenn es beinahe esoterisch klingt: Die Tatsache, dass Menschen ihre Entscheidungen auf Basis von tief liegenden Emotionen treffen und mithilfe sozialer Verhaltensmuster umsetzen, auch wenn sie glauben, sie würden rational entscheiden, ist das hoch erfolgreiche Geschäftsmodell aller Hersteller von Marken- und Luxusartikeln. Ohne die Macht der tief liegenden Emotionen, Wünsche oder Ängste würde heute kein einziger Sportwagen, Tchibo-Artikel oder Mobiltelefon verkauft werden.

Der Grund für zweistellige Konversionsraten liegt oft im Reich des Unterbewussten und der Gefühle. Es geht um Anerkennung, Sammeln, Status oder Ängste. Emotionen sind der Brandbeschleuniger im Feuer der Konsumentscheidungen. Emotionen hebeln alle rationalen Faktoren aus. Daher ist die Ebene der Stimulanz eine der wichtigsten Conversion-Hebel, auf den ich besonders intensiv eingehen möchte. Die einzelnen Faktoren der Stimulanzebene lauten:

1. Verknappung

2. Konsistenz und Commitment

3. Jagen und Sammeln

4. Wettbewerb und Highscore-Listen

## 4.8.1   Verknappung (Scarcity)

Es mag verwunderlich klingen, dass hunderttausende Konsumenten Woche für Woche im Supermarkt zum Tchibo-Regal strömen, um zu überprüfen, welche Artikel diese Woche angeboten werden. Was unterscheidet dieses Regal von anderen? Was ist der Grund für dieses Verhalten? Der Grund dafür liegt darin, dass bereits nächste Woche diese Artikel alle wieder verschwunden sein werden und dass es nur ein kurzes Zeitfenster gibt, um sich eines der Schnäppchen zu sichern. Niemand möchte einen dieser Artikel verpassen, es könnte ja etwas ganz besonderes dabei sein.

entwickler.press

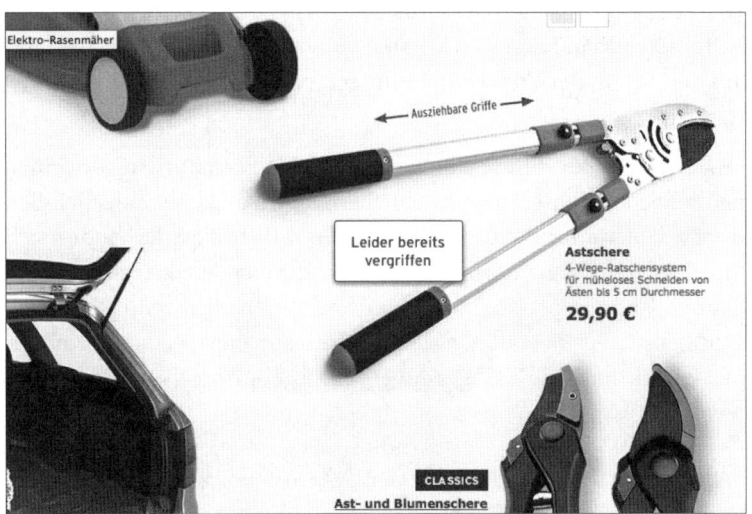

**Abbildung 4.37:** Vergriffene Artikel im Onlineshop von tchibo.de

Ganz ähnlich arbeitet Luxustaschenhersteller Louis Vuitton, der die Abgabe der Taschen in seinem Pariser Flagshipstore per Vorlage eines Ausweises auf ein Stück pro Kunde beschränkt. Wer so etwas macht, muss wohl ganz besonders kostbare Dinge verkaufen, oder?

Robert B. Cialdini beschreibt in seinem Buch „Die Psychologie des Überzeugens"[33] eine andere denkbare Situation, die in diesem Fall ausschlaggebend für den Erfolg eines Hobbyautohändlers war. Er kaufte privat günstig Fahrzeuge an und verkaufte sie kurze Zeit später wieder. Dabei bediente er sich eines kleinen Tricks: Zu den Besichtigungsterminen lud er stets mehrere Interessenten gleichzeitig ein. Anstatt wie sonst üblich nach Mängeln zu suchen, um den Preis herunter zu handeln, fingen die Kaufinteressenten stattdessen an, klarzustellen,

---

[33]   Robert B. Cialdini, „Influence: The Psychology of Persuasion", Harper Paperbacks, 2006, ISBN-10: 006124189X

wer zuerst da gewesen sei und daher als erster ein Anrecht auf das Auto hätte. Man kann sich vorstellen, wie sehr sich dieser Umstand auf den Erfolg der Preisverhandlungen und die Abschlussquote auswirkte.

Der beschriebene Effekt der Verknappung (Scarcity) triggert einen der Bereiche in unserem menschlichen Gehirn an, der wahrscheinlich noch deutlich älter als 20 000 Jahre ist: die Verlustangst. Es handelt sich um einen der Mechanismen, die sich auch online nutzen lassen, wenn es um E-Commerce und den Verkauf von Waren geht, denn schließlich sind reale Güter nie in unbegrenzten Ressourcen vorhanden. Knappheit ist eine natürliche Gegebenheit, die nur entsprechend dargestellt werden muss.

**Abbildung 4.38:** Verknappung durch Einblendung des Lagerbestands bei amazon.de

Wichtig für die Nutzung des Verknappungseffekts ist die authentische Wirkung. Ohne Glaubwürdigkeit wirkt eine Pseudoverknappung wie ein billiger Trick aus der Werbung und führt mit Sicherheit zu Ablehnung. Die Grundlage für Glaubwürdigkeit liegt im Fall von amazon. de, an der wenig reißerischen Gestaltung sowie an der Darstellung realer, präziser Daten vor. Ein anderer Anbieter, der dieses Prinzip gut umgesetzt hat, ist booking.com:

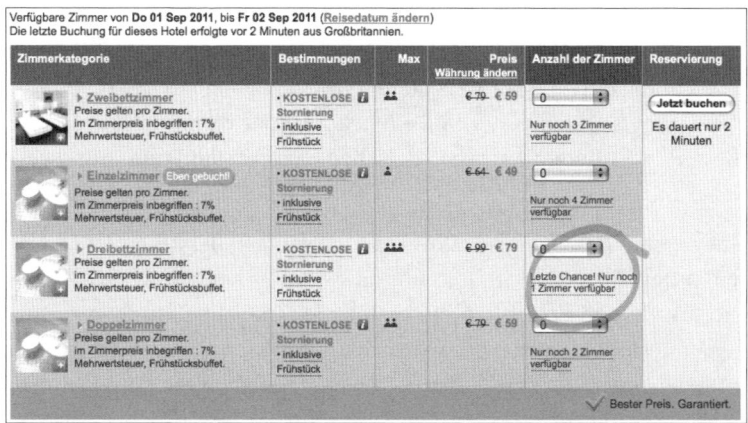

**Abbildung 4.39:** Verknappung bei booking.com

Der Effekt beruht bei booking.com auf dem Einblenden der knappen Ressourcen in Form einer realen Zahl („Nur noch 1 Zimmer verfügbar") und der Ergänzung mit realen Nutzerzahlen („Derzeit sind drei Besucher auf der Website dieses Hotels", diesen Effekt hat schon der Hobbyautohändler genutzt, oder „Letzte Buchung vor 5 Minuten aus Lettland"). Auf einmal wird klar, dass die wenigsten Dinge unbegrenzt verfügbar sind. Die Angst, etwas nicht abbekommen zu können, ist größer als der Wunsch, das Gesuchte noch irgendwo günstiger zu bekommen. Die Kunst der Verknappung besteht nicht darin, eine künstliche und unglaubwürdige Verknappung herbeizuführen (das funktioniert nur noch bei der Sommerpause bestimmter Kirschpralinen). Es reicht vielmehr schon aus, ein wenig mehr in die Qualität von Schnittstellen zu investieren, die zum Beispiel echte Lagebestände in absoluten Stückzahlen zeigen.

Wie viele Händler arbeiten mit wenig aussagekräftigen Ampel-Icons, bei denen nicht klar wird, ob nur noch wenige Stück auf Lager sind oder ob der Kunde grundsätzlich bei diesem Artikel mehrere Tage und Wochen warten muss?

Die Kraft der Verknappung funktioniert nur dann, wenn klar wird, dass das gewünschte Produkt momentan noch sofort verfügbar ist und vor allem wenn sofort bestellt wird auch ganz kurzfristig auf die Reise zum Kunden geht. Eine einfache Ampel verrät das alles nicht, dieses Icon differenziert nicht zwischen Lagerbestand und grundsätzlicher Lieferzeit.

Besser ist es daher, eine exakte Zahl anzuzeigen. Ist Ihnen schon einmal aufgefallen, wie oft Teleshopping-Sender beim Abverkauf eines Produkts einen Echtzeitzähler einblenden? Machen Sie es wie amazon.com und schreiben Sie möglichst konkret, bis wann der Nutzer bestellen muss, um den Wunschartikel am nächsten Tag noch zu erhalten. Lernen Sie von booking.com und ergänzen Sie noch die Information, wann der Artikel zuletzt woher bestellt wurde (vorausgesetzt, sie haben genügend Transaktionen, die nicht zu lange her sind).

Aber übertreiben Sie es nicht. Ich habe in einigen Situationen in Nutzertests erlebt, wie der Käufer direkt nach der Bestellung zurück auf die Produktseite gegangen ist, um zu überprüfen, ob der Warenbestand sich tatsächlich geändert hat. Konsumenten sind skeptisch und verzeihen unglaubwürdige Angaben nicht. Ebenfalls zu beobachten ist ein Effekt, bei dem zu viele Verknappungssignale ebenfalls zu negativen Emotionen führen. Es scheint, dass es einen bestimmten Punkt gibt, ab dem das Spiel mit der Verlustangst derart übertrieben wird, dass die Emotionen der Nutzer den Punkt überschreiten, der eine unbewusste Handlungsbereitschaft fördert. Sobald der Mechanismus in das Bewusstsein der Nutzer dringt (weil er zu stark ist), kippt der Effekt und führt im schlimmsten Fall zum Abbruch. Weitere Facetten des Verknappungseffekts finden wir bei Auktionen, Gruppen-Deal-Shops und anderen Formen des Liveshoppings. Ich möchte hier nur am Rande darauf eingehen, da diese Formen der Inszenierung des Kauferlebnisses besondere Geschäftsmodelle und Prozesse benötigen. Der Erfolg dieser Anbieter zeigt uns jedoch die beinnahe unheimliche Kraft, die die Verlustangst im Kopf des Konsumenten annehmen kann. Es ist unbeschreiblich, wie rationale Überlegungen in den Hintergrund treten, sobald erwachsende Menschen in Gruppen einem Deal hinterher jagen oder versuchen, bei einer Auktion ein Schnäppchen zu machen.

Wer Kinder in ihrer Trotzphase beobachtet, der bemerkt ebenfalls sehr schnell welche Kraft die Emotionen im Menschen haben können. Einer der stärksten Effekte ist die so genannte Reaktanz, der Wunsch, genau das zu bekommen, was man nicht haben kann (oder darf). Die Kombination aus Verknappung, Reaktanz und Gruppeneffekten finden wir bei einer weiteren Sonderform des E-Commerce: Shoppingclubs.

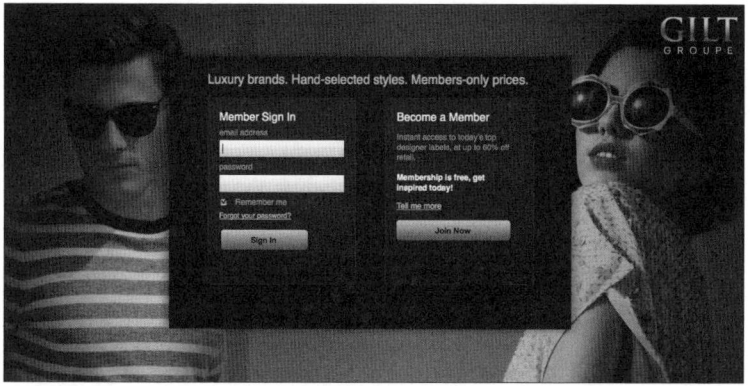

**Abbildung 4.40:** Loginseite des US-Shoppingclubs „GILT.com"

Der Eintritt in den Shoppingclub ist nur dem registrierten Mitglied erlaubt, in seiner Reinform ist der Zutritt auch nur auf Einladung oder Empfehlung möglich. Die Höhe der Hürde bei der Aufnahme in eine Gruppe erhöht laut Cialdini[34] das Zugehörigkeitsgefühl zur Gruppe. Die Faktoren Verknappung und Reaktanz greifen im Fall der Shoppingclubs optimal ineinander. Auch auf diese Beispiele möchte

---

34  Robert B. Cialdini, „Influence: The Psychology of Persuasion", Harper Paperbacks, 2006, ISBN-10: 006124189X

ich nicht genau eingehen, schließlich sind die beschriebenen Effekte nicht einfach im Rahmen einer Optimierung der eigenen Seiten zu erreichen, sondern benötigen massive infrastrukturelle Änderungen und darauf abgestimmte Geschäftsmodelle. Der dahinter liegende Mechanismus ist jedoch allgemein gültig und kann in unterschiedlich starken Abstufungen von jedem zum Einsatz gebracht werden.

## Meine konkreten Tipps für Stimulanz durch Verknappung:

– Zeigen Sie reale Lagerbestände an und informieren Sie möglichst detailliert über Lieferzeiten und Bestellfristen. Je konkreter die Informationen sind, desto glaubwürdiger sind sie.

– Sortiment, Verfügbarkeit und schnelle Lieferung sind Leistungsfaktoren eines Versandhändlers. Sorgen Sie dafür, dass die wichtigsten Artikel immer verfügbar sind, wenn auch in geringer Stückzahl. Testen Sie die Auswirkungen unterschiedlich hoher Lagerbestände und verschiedener Darstellungsformen.

– Vermeiden Sie künstliche Verknappungen und Pseudolagerbestände. Nutzer prüfen die Mechanismen. Solche Spielchen fliegen früher oder später auf und sorgen für einen unnötigen Imageverlust.

– Übertreiben Sie es nicht. Testen Sie unterschiedliche Intensitäten bei der Integration von Informationen über Lagerbestände und Fristen gegeneinander und finden Sie den optimalen Punkt der Wirksamkeit.

– Ergänzen Sie Informationen über Transaktionen auf Ihrer Website, sofern sie die Glaubwürdigkeit zur Verknappung steigern. Testen Sie die Auswirkungen unterschiedlicher Informationen auf verschiedenen Ebenen, zum Beispiel „demnächst ausverkauft" als Badge auf Kategorie- und Listenseiten.

– Arbeiten Sie bei besonders attraktiven Sonderangeboten mit der deutlichen Einblendung von Gültigkeitsfristen. Nutzen Sie das Prinzip von Tchibo und machen Sie deutlich, dass ein bestimmtes Angebot nur kurzfristig verfügbar ist (das funktioniert aber nur bei wirklich kurzfristiger Verfügbarkeit).

## 4.8.2   Konsistenz und Commitment

Ein weiterer sehr spannender Mechanismus, der tief im menschlichen Verhalten verankert ist, ist das Streben nach konsistentem Handeln. So lässt sich oft beobachten, dass Onlinenutzer in den ersten Sekunden eines Websitebesuchs schnell einen Eindruck gewinnen, der sich danach weiter verfestigt. Auch wenn sie im späteren Verlauf des Websitebesuchs andere, gegenteilige Signale finden, versuchen sie stets, ihren ersten Eindruck beizubehalten und zu rechtfertigen, sie versuchen, in ihrem Denken und Handeln ein konsistentes und einheitliches Bild zu vermitteln.

Entsteht beispielsweise in den ersten Sekunden das Gefühl, ein Onlineshop biete eher billige Waren an, so lässt sich im weiteren Verlauf beobachten, dass selbst beim Erkennen teurer Hersteller- und Markenlogos die erste Beobachtung gegen die neue Beobachtung verteidigt wird. Wie lässt sich das erklären? Warum ist das so?

Im menschlichen Verhalten sind schnelle und extrem unvorhersehbare Meinungsänderungen in der Regel eher unangenehme Eigenschaften. Wir schätzen es einfach nicht, wenn unser Gegenüber plötzlich seine Meinung ändert. Und so lässt sich das permanente Streben nach konsistentem Handeln auch online nutzen, um beispielsweise Lead-Generierungsformulare zum Abschluss zu bringen. Das Prinzip wird im klassischen Vertrieb ebenfalls in Gesprächen genutzt. So startet ein Verkäufer mit einer Frage, um ein eindeutiges Ja oder Nein zu erzeugen. Er fragt zum Beispiel „Gehen Sie oft Abends aus?" und der Kunde, der eine Vertretermasche befürchtet, antwortet vorsorglich mit „Nein". Daraufhin vertieft er Verkäufer das Thema: „Warum nicht? Haben Sie keine Zeit? Oder ist es Ihnen zu teuer?" Der Kunde, der nun darauf eingeht, macht den ersten Schritt in Richtung eines gedanklichen Konstrukts, bei dem er seine erste Aussage immer stärker verteidigen wird. Er könnte antworten „Ja, es ist mir einfach zu teuer". Der Verkäufer hakt weiter nach: „Was geben Sie denn im Monat aus, wenn es um das Ausgehen geht? Mehr als 100

Euro oder weniger?". Der Käufer mauert tief und sagt: „Auf keinen Fall mehr als 100 Euro. Ich muss sparen!" Erst dann packt der Verkäufer wirklich aus, und sagt worum es geht und erwidert: „Dann wird Sie das hier interessieren. Wir haben hier ein Programm, mit dem Sie für nur 80 Euro im Monat in einem Gegenwert von über 400 Euro ausgehen können!" Der Kunde wird sich schwer tun, in seinen Aussagen konsistent zu bleiben. Am einfachsten wäre es, wenn er sagen würde „Ach wissen Sie was, ich habe auf solche Verkäufermaschen keine Lust. Ich habe Ihnen von Anfang an nur Quatsch erzählt. Einen schönen Abend noch." Die Wahrscheinlichkeit, dass er das tut, ist sehr gering.

Auch wenn wir online keine echten Konversationen und Gespräche führen, die uns derartige Verkäuferprobleme bringen, ist es für Conversion-Optimierer wichtig, das menschliche Streben nach konsistentem Handeln zu verstehen. Egal, ob es um Texte geht, die in der richtigen Logik aufgebaut sein sollten, oder um mehrschrittige Formulare: Es ist der innere Handlungsrahmen, der entscheidet, ob Nutzer in einem Prozess weitergehen oder nicht.

Ein weiterer Effekt, der oft gemeinsam mit dem Prinzip des konsistenten Handelns genannt wird ist Commitment. So ist zu beobachten, dass Menschen, die bereits Aufwand, Energie oder Zeit in eine Sache investiert haben, einen höheren Drang haben, die Sache zu Ende zu führen, als andere Menschen[35]. Sozialpsychologen haben herausgefunden, dass der Zusammenhalt einer Gruppe sehr hoch mit der Härte der Aufnahmeprüfungen korreliert. Das ist ein Effekt, der bei der einen oder anderen Ausbildung von Militäreliteeinheiten genutzt wird.

Was nutzen uns diese Erkenntnisse bei der Optimierung von Websites und Onlineshops? Der Mechanismus ist derselbe. Auch dieser

35  Robert B. Cialdini, Influence: The Psychology of Persuasion, ISBN 0-688-12816-5

Effekt zeigt sich bei Prozessen und Formularschritten im Internet. Je mehr in den Prozess bereits investiert wurde, desto stärker ist die Motivation, den Prozess auch zu Ende zu führen. Es ist daher sehr wichtig, zu Beginn das Commitment der Nutzer durch einfache Angaben zu holen, positives Feedback zu geben und zum nächsten Schritt zu wechseln.

Ein konkretes Beispiel für eine Finanzierungsanfrage im Internet: Im ersten Schritt ist die Monatsrate der Finanzierung schnell mit ein paar Reglern errechnet. Erst dann sind zusätzliche Angaben nötig, um eine präzise Kalkulation abzuliefern. Im dritten Schritt erst folgen etwas tiefer gehende Fragen, die das Angebot weiter eingrenzen. Am Schluss, im letzten Schritt, bei dem es um die Angabe der persönlichen Daten und der Adresse geht, zögern kaum noch Nutzer und brechen ab. Verglichen mit einer Version, die diese Daten gleich am Anfang abgefragt hätte, wird die Konversionsrate deutlich höher sein. Und zwar weil die Nutzer bereits einige Zeit in das Ausfüllen des Formulars investiert haben, die Schwelle, den Prozess abzubrechen, wurde durch die bestehende Investition erhöht.

**Meine Tipps für Stimulanz durch Konsistenz und Commitment:**

- Geben Sie positives Feedback, dadurch wird die Handlung des Nutzers in einen positiven Rahmen gefasst. Das Feedback erhöht die Motivation des Nutzers, im Funnel weiter zu gehen. Visuelle Signale (zum Beispiel grüne Häkchen) sind wichtig.
- Optimieren Sie für Micro-Conversions. Viele kleine Schritte könnten insgesamt eine bessere Konversionsrate haben als ein großes, langes Formular. Testen Sie die Unterschiede über ein A/B-Testing und ermitteln Sie die optimale Aufteilung der Schritte.
- Beginnen Sie mit einfachen Abfragen und Eingabeoptionen. Sorgen Sie besonders zu Beginn des Funnels dafür, dass die einzelnen Schritte überschaubar und einfach aufgebaut sind. Fragen Sie persönliche und kritische Daten lieber am Schluss ab. Testen Sie unterschiedliche Reihenfolgen und finden Sie die beste Variante per A/B-Testing.
- Sorgen Sie gleich zu Beginn für eine Investition in Form von Eingaben und warten Sie mit der Ausgabe des zu erwartenden Nutzens. Liefern Sie ein Berechnungsergebnis im ersten Schritt und machen Sie zum Beispiel klar, dass weitere Angaben nötig sein werden, um das Ergebnis zu präzisieren. Nur so erhalten Sie den motivationalen Spannungsbogen.
- Geben Sie dem Nutzer transparent Klarheit über die Anzahl der bereits erfolgreich geleisteten Schritte und Etappen und darüber, was ihn noch erwartet.

## 4.8.3 Jagen und Sammeln

Eine reale Situation, die die Kraft sozialer Mechanismen zeigt, konnte ich neulich selbst beobachten: Ich saß mit einem Kollegen im Flugzeug. Das Boarding war bereits abgeschlossen, es ging gleich los. Obwohl die Flugbegleiter bereits durch die Gänge liefen, um die Sicherheitsgurte zu überprüfen, griff der Kollege hektisch nach seinem Smartphone, schaltete es ein und riskierte eine Belehrung durch das Personal. Ich schaute ihn fragend an und er antwortete auf meinen irritierten Blick mit „Ich muss noch einchecken!". Da noch immer Fragezeichen über meinem Kopf kreisten, gestand er mir „Bei Foursquare. Ich brauche noch das Frequent-Traveller-Badge". Da wurde mir schlagartig klar, welche Motivation immaterielle Sammelobjekte und der Status, den sie ausstrahlen, auf Menschen haben können.

Dazu muss man Folgendes verstehen: Auf der einen Seite geht es bei diesem Beispiel um den Drang, möglichst viele Abzeichen (Badges) zu sammeln. Das liegt daran, dass Foursquare sehr transparent zeigt, welche Abzeichen man sich wie verdienen kann und welche man bereits hat. Das Streben nach einer quasi vollständigen Sammlung setzt dabei ungeahnte Kräfte frei, die Foursquare geschickt in seinem Geschäftsmodell nutzt. Auf der anderen Seite spielt ein weiterer sozialer Mechanismus eine Rolle: Es geht um Anerkennung. Das Verknüpfen der Auszeichnung mit der Kommunikation an alle per Foursquare und Facebook verbundenen Personen macht die Handlung doppelt attraktiv. Seit den Zeiten von Rabattmärkchen, Knibbelbildchen und Sammelalben wissen wir, wie stark und betriebswirtschaftlich relevant solche Effekte sind.

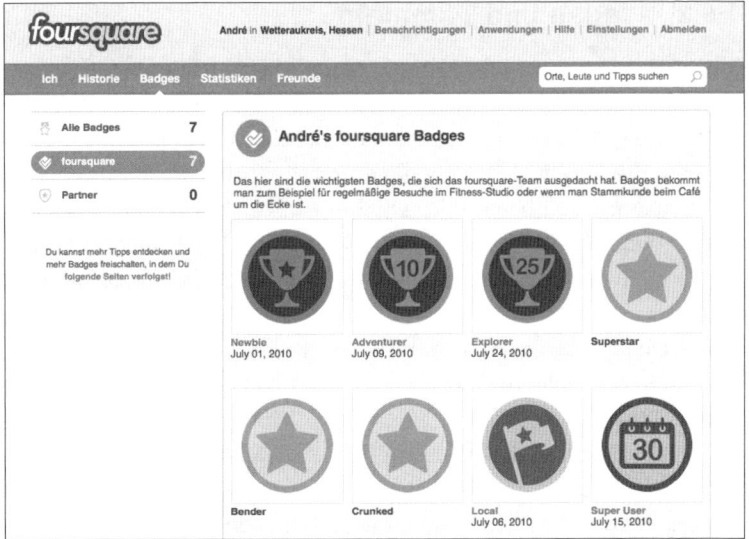

**Abbildung 4.41:** Badges bei Foursquare

Tatsächlich war die eben geschilderte Situation ähnlich einer Jagdszene, denn mein Kollege musste sich sehr beeilen, um sich in kürzester Zeit anzumelden, einzuchecken und sogar die Nachricht zu verbreiten. Ein enormer Aufwand, verglichen mit dem realen Gegenwert der Aktion. Derlei Effekte werden inzwischen oft als Gamification bezeichnet, weil die entsprechenden Mechanismen in Computer- und Onlinespielen seit Langem bekannt sind, um Handlungen zu motivieren. Dienste wie Foursquare leben davon, dass die Mitglieder Plätze anlegen, einchecken etc., und daher sind diese Mechanismen unheimlich wichtig in Verbindung mit den Geschäftsmodellen dieser Dienste. Dabei spielt die soziale Vernetzung der Nutzer eine zentrale Rolle. Die Attraktivität steigt vor allem durch die Statuseffekte, die beim Publizieren der entsprechenden Meldungen wirksam werden.

Wie lassen sich Jagd- und Sammeleffekte zur Conversion-Optimierung nutzen? Eine wichtige Grundlage, damit die Effekte wirken, ist der Schwierigkeitsgrad. Der Gamification-Experte Gabe Zichermann[36] nennt Simplizität als eine wichtige Herausforderung, damit das Schwungrad des spielerischen Spaßes überhaupt ins Laufen kommt. Die ersten „Auszeichnungen" müssen schnell und einfach verdient werden, ganz im Sinne des zuvor genannten Prinzips von Konsistenz und Commitment. Auf Dauer muss der Schwierigkeitsgrad für den Nutzer im optimalen Bereich der Forderung liegen, da, wo Psychologen den so genannten Flow[37] vermuten, ein Raum in dem die Motivation den Nutzer immer weiter trägt und eine Art Glücksgefühl entsteht. Ist das Spiel zu einfach, wird es langweilig, wird es zu schwierig, verliert der Nutzer das Interesse. Typische Beispiele zeigen sich an den Stellen, wo Multiplikatoren, VIP-Kunden oder Partner sich in geschlossenen Bereichen registrieren und für ihre Handlungen belohnt werden. Analog zum Foursquare-Beispiel macht Zappos das für VIP-Kunden:

**Abbildung 4.42:** Badges im VIP-Kundenbereich von zappos.com

36  http://gamification.co/gabe-zichermann/
37  http://de.wikipedia.org/wiki/Flow_(Psychologie)

**Meine konkreten Tipps für Stimulanz durch Jagen und Sammeln:**

- Belohnen Sie Nutzer und Kunden für ihre Handlungen. Geben Sie positives Feedback in Form von Auszeichungen, Sternchen oder ähnlichen Dingen, die ein Teil einer größeren Sammlung sind.
- Machen Sie transparent, welche Handlungen in welcher Form belohnt werden und was konkret zu tun ist, um eine Auszeichnung zu erhalten. In der realen Welt ist das vergleichbar mit dem Überblick der sammelbaren Gegenstände, ohne den Überblick wird die Motivation nicht gesteigert.
- Machen Sie die ersten Ebenen leicht erreichbar, um früh ein Erfolgserlebnis zu vermitteln. Nichts ist frustrierender, als eine viel zu hoch liegende Stange, die kaum überquerbar ist.
- Bleiben Sie im optimalen Bereich der Herausforderung und nutzen Sie das Prinzip des Flow, um kontinuierliche Handlungen bei Nutzern zu provozieren. Erlauben Sie dynamische Änderungen der Bedingungen, um die Auswirkungen der Schwierigkeit auf die Nutzungsintensität testen zu können.
- Lassen Sie Nutzer ihre Auszeichnungen in ihren sozialen Netzen teilen. Das gibt den sozialen Schub der Anerkennung und des Status und sorgt für die nötige Verbreitung Ihrer Plattform oder Idee.

## 4.8.4 Wettbewerb und Highscore

Manchmal ist es schon fast merkwürdig zu erleben, welche Dinge und Umstände bestimmte Personen zu Handlungen motivieren. Vor Kurzem konnte ich erleben, wie ein guter Freund von mir von einem auf den anderen Tag hoch motiviert damit begann, stundenlang in Facebook nach Menschen zu suchen, die er aus seiner Vergangenheit kannte. Seine Kraft nahm er dabei nicht aus dem Interesse an den

Menschen, die er seit Jahren nicht gesehen hatte. Es war viel mehr sein Wunsch, mehr Freunde zu haben als einer seiner Kollegen. Es war der Drang, besser zu sein, mehr zu haben, einen größeren Score zu erzielen. Auch wenn diese Zahl nicht wirklich zählt, setzte die Motivation große Energien frei.

Ganz ähnlich wie bei dem zuvor genannten Jagd- und Sammeltrieb scheint es ein im menschlichen Verhalten tief verankertes Prinzip zu geben, was im direkten Wettbewerb mit anderen eine Art Motivation erzeugt, die ganz primitiv nur dazu dient, den anderen zu übertrumpfen. Es geht dabei nicht nur um durch Testosteron geladene Männer, die gerne sehen, wie und wo sie auf einer Rangliste im Wettbewerbsvergleich stehen. Der Effekt zieht viel weitere, geschlechterübergreifende Kreise, und er beruht auf alten Verhaltensmustern, die dazu dienen, die menschliche Art und ihre Fähigkeiten weiter zu entwickeln. Auch wenn die Aktivitätsanzeige in XING oder die Anzahl unserer Freunde in Facebook keine Spiele aus dem wahren Leben sind und nicht die menschliche Art erhalten, triggern sie doch die gleichen Bewertungsmuster im Gehirn an und steigern die Handlungsbereitschaft der Nutzer.

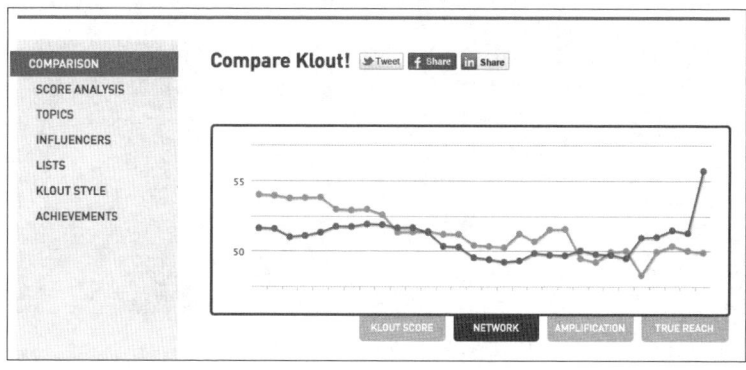

**Abbildung 4.43:** Bei Klout.com können Nutzer ihre Reichweite in sozialen Netzen miteinander vergleichen

Die Position in einer Rangliste ist dabei entscheidend für die Motivation. Auch hier gilt, dass ein besseres Ergebnis in einem optimalen Bereich zwischen Über- und Unterforderung zu erzielen sein muss. An Position Nr. 32456 einer ewig langen Rangliste möchte niemand gerne stehen, an Platz eins wird jede Handlung ebenfalls uninteressant. Das Spiel Brain Buddies auf Facebook macht gut vor, wie sich die sozialen Verknüpfungen der Nutzer mit Highscore-Listen verbinden lassen, um so noch stärker zu einer Handlung zu motivieren. Es zeigt sich, dass eine Rangliste, in der ausschließlich Bekannte im Umfeld des Nutzers sind, sogar deutlich motivierender ist, als unbekannte Wettbewerber.

**Abbildung 4.44:** Leaderboard bei Brain Buddies in Facebook

Die Übertragung dieses Prinzips auf Onlineshops und Websites ist nicht ohne Weiteres möglich, da die Abbildung der sozialen Netzwerke und der Verbindungen der Nutzer unter einander eine große Rolle spielen, um die Motivation voll zu entfalten. Daher spielen die Schnittstellen zu den sozialen Netzwerken eine enorme Rolle bei solchen Konzepten. Es zeigt sich, welchen Vorteil die Integration eines Punktesystems für Kunden in Facebook gegenüber einer Insellösung hat, die die sozialen Verbindungen nicht nutzen kann und daher wahrscheinlich das kritische Potenzial zur Darstellung echter sozialer Bekanntschaften nicht erreichen wird. Stellen Sie sich vor, welchen Schub es bestimmten Funktionen geben kann, wenn Sie Ihre Kunden durch Belohnungen und Highscore-Listen motivieren. Welche Auswirkung hätte das auf Produktbewertungen, Feedback und User Generated Content? Was hieße das für Kunden-werben-Kunden-Programme, Empfehlungssysteme und geschlossene Extranets?

**Meine konkreten Tipps für Stimulanz durch Wettbewerb und Highscore:**
- Belohnen Sie Nutzer für bestimmte Handlungen mithilfe eines transparenten Punktesystems.
- Ermöglichen Sie die Darstellung von Leaderboards und Highscore-Listen im sozialen Umfeld, zum Beispiel durch die Integration von Facebook oder Google+.
- Machen Sie transparent, welche Aktion nötig ist, um im Leaderboard weiter nach vorne zu kommen. Geben Sie unmittelbares positives Feedback.
- Geben Sie Tipps, durch welche Aktionen der Highscore noch weiter verbessert werden kann.
- Erlauben Sie Nutzern, die erreichten Punkte und Verdienste aktiv in ihren sozialen Netzwerken zu verteilen.

## 4.9 Sicherheit

Die Primärfragen des Nutzers zum Thema Sicherheit sind folgende:

- Was passiert, wenn etwas kaputt ist?
- Wie gut ist der Kundenservice im Ernstfall erreichbar?
- Werden meine Daten dort sicher sein?
- Bekomme ich danach unerwünscht Werbung?

Wenn derlei Fragen einen potenziellen Kunden beschäftigen, dann hat er das Produkt im Kopf bereits gekauft beziehungsweise sich mental bereits für die gewünschte Aktion entschieden. Erfahrene Verkäufer wissen daher, dass ihre Verkaufschancen gut stehen, sobald solche oder ähnliche Fragen vom Interessenten gestellt werden. Diese Fragen dienen der Risikominimierung unmittelbar vor dem eigentlichen Kauf oder der entsprechenden Handlung. Die Art der Fragestellung zeigt, dass sich der Kunde bereits in seinen Gedanken den Kauf vorgestellt hat und mögliche Problem- und Risikosituationen antizipieren kann. Manche Verkäufer gehen sogar so weit, dass sie diese so genannten Einwände gar provozieren und danach erfolgreich ausräumen (Einwandsbehandlung), um ihre Verkaufschancen zu steigern. Ziel der Übung ist ein intensiveres Auseinandersetzen des Interessenten mit dem Produkt. Doch nicht nur beim Kauf von Produkten, sondern auch bei Formularen zur Lead-Generierung tauchen ähnliche Fragen auf. Sie zielen nicht unmittelbar auf mögliche Reklamationen oder Reparaturfälle, sondern vielmehr auf Datenschutz- und Kundenservicefragen. So stellen sich die meisten Onlinenutzer vor der Preisgabe ihrer persönlichen Daten die überaus wichtige Frage, ob ihre Daten bei besagtem Anbieter überhaupt in guten Händen sind. Die Entscheidung, ein Formular mit persönlichen Daten abzuschicken ist eine Kosten-Nutzen-Entscheidung, bei der mögliche Probleme durch die unerwünschte Weitergabe der Daten den wichtigsten Kostenfaktor darstellen.

## 4.9.1 Power of Free

Chris Anderson schreibt in seinem 2009 erschienenen Buch „Free – Kostenlos: Geschäftsmodelle für die Herausforderungen des Internets[38]" wie stark der Einfluss kostenloser Produkte oder Services auf die menschliche Entscheidung ist und wie das Internet durch die Skalierbarkeit digitaler Güter diese Effekte multipliziert. Eigentlich könnte man meinen, dieser Effekt sei eindeutig in der Ebene der Stimulanz anzutreffen. Schließlich motiviert der Gedanke an ein kostenloses Produkt, indem er die Kosten der Entscheidung aus der Gleichung eliminiert. Ich habe mich jedoch dazu entschieden, diesen Effekt der Sicherheit zuzuschreiben. Das kostenlose Produkt, die Gratisprobe, Trial-Version oder die Testlizenz reduzieren vor allem das Risiko einer potenziellen Fehlentscheidung für den Nutzer. Besonders die Sicherheitsfragen in der letzten Phase kurz vor dem Kauf sind es, die viele Kunden in letzter Sekunde abschrecken und die Conversion verhindern. Kostenlose Produkte verlieren diesen Effekt da der Käufer nichts zu verlieren hat. Wenn es um Gratisproben oder kostenlose Testversionen geht, sind kostenlose Produkte fast wie kleine Geschenke. Sie zahlen dann zusätzlich auf den Effekt der Reziprozität ein und erhöhen die Kaufwahrscheinlichkeit für das richtige Produkt. Der Anbieter oder Verkäufer hat durch das kostenlose Geschenk nun „etwas gut", der Käufer wird sich bei ihm mit hoher Wahrscheinlichkeit erkenntlich zeigen. In dem Buch „The Hidden Persuaders[39]" beschreibt der US-Schriftsteller Vance Packard bereits Ende der 1950er Jahren, wie es ein Supermarktverkäufer geschafft hat, 500 Kilogramm Käse innerhalb weniger Stunden zu verkaufen. Das erreichte er, indem er es den Kunden überließ, wie viel Käse sie sich gratis selbst abschneiden durften. Durch das Geschenk fühlten sich die Kunden so stark verpflichtet,

---

38  Free - Kostenlos: Geschäftsmodelle für die Herausforderungen des Internets, Chris Anderson, Campus Verlag; Auflage: 1 (24. August 2009), ISBN-10: 3593390884
39  Vance Packard, „Die geheimen Verführer", 1958, ISBN 3-548-34032-6

dass sie anschließend eine viel größere Portion von dem Käse kauften, als sie ursprünglich vorhatten. Kostenlose Angebote können daher gleichzeitig zwei Effekte auslösen: Sie reduzieren das Risiko auf Null und erhöhen die Wahrscheinlichkeit für den Kauf eines kostenpflichtigen Angebots durch den Reziprozitätseffekt.

## 4.9.2 Storno und Rücksendemöglichkeiten

Auch wenn in Deutschland die Möglichkeit zum Storno einer Bestellung und zur Rücksendung des bestellten Artikels gesetzlich bereits sehr konsumentenfreundlich geregelt ist, zeigt sich doch eine große Skepsis bei Nutzern im Onlinetest. Obgleich das Risiko eines Fehlkaufs beinahe nicht existiert (das Porto für die Rücksendung kleinerer Bestellungen einmal ausgeschlossen), prüfen typische Onlinekäufer die Angebote und Rücksendemöglichkeiten sehr genau. Die Angst, im Nachhinein Probleme mit einer Bestellung zu bekommen, ist bei vielen Onlineshoppern immer noch sehr groß. Daher ist es nicht verwunderlich, dass Signale und Botschaften, die auf besonders kundenfreundliche Storno- und Rückgabemöglichkeiten hinweisen, besonders positiv aufgenommen werden. Gemessen an der reinen Konversionsrate sind solche Botschaften als erfolgreich zu bewerten.

**Abbildung 4.45:** mirapodo.de wirbt mit einer kostenlosen Telefonhotline sowie mit einem hunderttägigen Rückgaberecht im Kopfbereich des Onlineshops

In der Wirtschaftlichkeitsberechnung müssen jedoch die zusätzlichen Kosten für die tatsächlichen Retouren berücksichtigt werden. Es empfiehlt sich daher, unterschiedliche Aussagen und ihre Auswirkung auf Konversions- und Retourenquote präzise zu Analysieren und den exakten Deckungsbeitrag zu ermitteln. Nicht nur im E-Commerce gelten diese Regeln und Mechanismen. Auch bei Formularen zur Lead-Generierung bringen eindeutige Hinweise auf Garantien („Wir geben Ihre Daten nicht weiter. Garantiert!") und Stornomöglichkeiten.

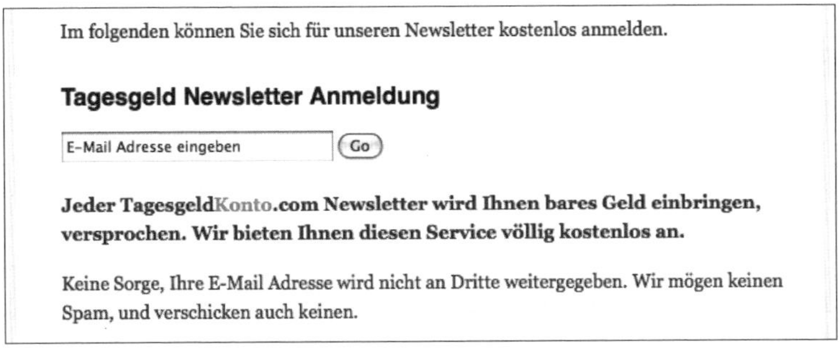

---

Im folgenden können Sie sich für unseren Newsletter kostenlos anmelden.

**Tagesgeld Newsletter Anmeldung**

| E-Mail Adresse eingeben | ( Go ) |

**Jeder TagesgeldKonto.com Newsletter wird Ihnen bares Geld einbringen, versprochen. Wir bieten Ihnen diesen Service völlig kostenlos an.**

Keine Sorge, Ihre E-Mail Adresse wird nicht an Dritte weitergegeben. Wir mögen keinen Spam, und verschicken auch keinen.

---

**Abbildung 4.46:** Expliziter und authentischer Hinweis auf Datenschutz in einem Registrierungsformular für einen Newsletter bei tagesgeldkonto.com

---

**Meine Tipps für mehr Konversion durch bessere Rückgabemöglichkeiten:**

- Testen Sie die Auswirkungen auf Konversions- und Abbruchquoten, wenn Sie die Möglichkeiten für Storno und Rückgabemöglichkeiten transparent und deutlich zeigen.
- Testen Sie unterschiedliche Positionen auf der Seite und unterschiedliche Seiten bei der Einblendung. Ein Hinweis im Kopfbereich der Seite ist nicht zwingend der beste. Testen Sie zum Beispiel eine eindeutige Erklärung auf der Warenkorbseite oder weiter hinten im Checkout.
- Auch bei der Lead-Generierung gibt es Analogien zu Storno oder Rückgabe. Testen Sie die Auswirkungen von plakativen Hinweisen über Datenschutz (Löschen der Daten) oder die Weitergabe von Daten an Dritte.

---

## 4.9.3 Einwandbehandlung

Offene Fragen, Zweifel, Einwände, kurz vor der Konversion sind das die wichtigsten Abbruchgründe. Einwände von Nutzern sind im hinteren Teil des Funnels verantwortlich für niedrige Konversionsraten. Das Auftreten von Einwänden verdeutlicht, dass sich ein Nutzer mit dem Kauf beziehungsweise der entsprechenden Aktion bereits mental auseinandergesetzt hat und nun auf Informationsdefizite oder durch ein Missverständnis verursachten Widerspruch gestoßen ist. Die Einwandbehandlung spielt für Verkäufer eine große Rolle, sie sehen darin die Chance, über eine gute Argumentation die Verkaufschancen sogar zu erhöhen. Manche Verkäufer provozieren sogar Einwände, um in der anschließenden Beantwortung einer Frage das Auseinandersetzen des potenziellen Kunden mit dem Produkt zu erhöhen. Das funktioniert jedoch nur in der realen Verkaufswelt. Tatsächlich bedeutet das Vorhandensein eines Einwands in einer Entscheidungssituation im Internet jedoch vor allem, dass der Kunde noch eine mentale Hürde hat, die ihn vom Kauf, von der Registrierung oder dem Ausfüllen des Formulars abhält. Anders als in der realen Welt sind Sie online nämlich nicht dazu in der Lage, den Gemütszustand des Nutzers bereits an seinem Gesichtsausdruck identifizieren zu können, um darauf einzugehen. Wenn Sie in dem Moment, in dem ein Einwand auftaucht, nicht die passende Antwort liefern können, haben Sie wieder einen von vielen teuer generierten Besuchern auf der Website verloren. Woher wollen Sie also wissen, an welcher Stelle Ihre Nutzer Fragen und Einwände haben? Und vor allem woher wollen Sie wissen, welche Fragen und Einwände das sind?

Die erste Frage lässt sich zwar nicht präzise beantworten, die Antwort lässt sich jedoch zumindest einkreisen. Zum einen wissen wir, dass Einwände und Fragen typischerweise nach dem Betrachten des Produkts oder der entsprechenden Seite auftreten. Zum anderen treten sie vor dem Kauf oder Klick auf. Die Stellen, an denen der Nutzer die Antworten auf seine Fragen erwartet, sind daher unterhalb der Produktinformation, in der Nähe der Call-to-Action. Onlinehändler arbeiten in Shops inzwischen mit mehreren Warenkorbbuttons, um das Problem des Fold zu lösen: Ein Button ist für schnell entschlossene Kunden im oberen Bereich sichtbar, ein anderer weiter unten nach den detaillierten Produktbeschreibungen.

**Abbildung 4.47:** Gut gelöste Einwandbehandlung durch Fragen und Antworten im Shop von haufe.de

Was sind die typischen Bedenken und Einwände der Nutzer? Hier helfen Interviews, Nutzertests und die Entwicklung von Personas, typische Fragen zu identifizieren. Jedes Unternehmen, das echten Kundenkontakt in realen Verkaufssituationen hat, sollte die Erfahrungen der Mitarbeiter im Umgang mit Kunden nutzen, um das Wissen über typische Einwände in die Onlinewelt zu übertragen. Für Vertriebsmitarbeiter gibt es oft ganze Abhandlungen über die Einwandbehandlung und die richtigen Antworten für unterschiedliche Produkte, die nur darauf warten, auch online genutzt zu werden.

## 4.9.4 Garantien

Eine Garantie ist die Zusicherung einer bestimmten Handlung durch den Anbieter für einen bestimmten Fall (Garantiefall). Unabhängig vom juristischen Rahmen von Garantien und Garantieleistungen haben Garantien das Ziel, dem Kunden eine Sicherheit zu versprechen, um einen Anreiz für den Kauf oder die Handlung zu geben. Oft existieren herstellerseitige Garantieleistungen, die in einem Onlineshop zum Beispiel nur erwähnt beziehungsweise hervorgehoben werden müssen.

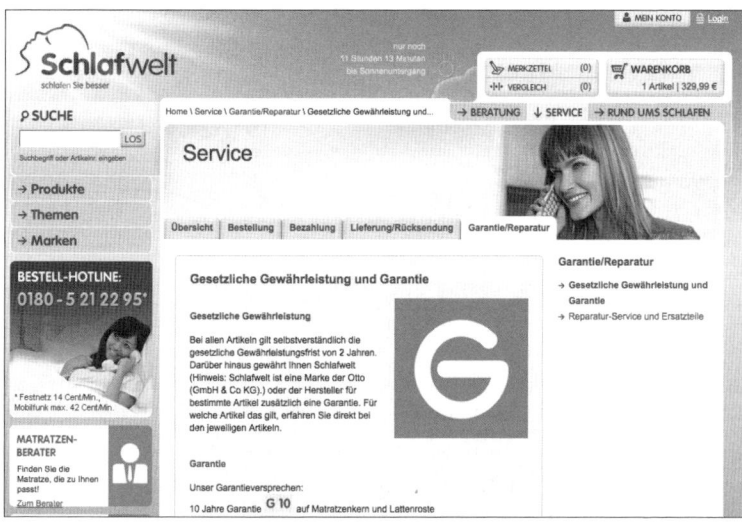

**Abbildung 4.48:** Bei schlafwelt.de werden die unterschiedlichen Garantien für die Produkte über Icons hervorgehoben und auf einer eigenen Seite erklärt

entwickler.press

Nicht nur aus juristischen Gründen ist der Begriff „Garantie" nur unter bestimmten Bedingungen verwendbar[40]. Ein Garantieversprechen hat eine rechtliche Verbindlichkeit, die eingehalten werden muss. Pauschale Zusagen, wie sie oft auf amerikanischen Websites anzutreffen sind („100% Customer Satisfaction Guarantee") sind nicht nur unzulässig, sondern würden den bei uns üblichen Erwartungen nicht standhalten können. Zu pauschale Aussagen wirken daher unglaubwürdig.

**Meine Tipps für mehr Konversion durch Garantien:**
- Zeigen Sie vorhandene Garantien deutlich an und liefern Sie eine Erklärung zu den Leistungen. Sorgen Sie für Sichtbarkeit, indem Sie für Garantien Icons oder Siegel verwenden.
- Vermeiden Sie juristische Ausdrücke bei der Beschreibung der Garantieleistungen, sondern formulieren Sie die Bedingungen in einer kundenorientierten und verständlichen Sprache.
- Testen Sie ähnlich wie bei Gütesiegeln unterschiedliche Positionen für den Einsatz der Garantiesiegel. Analysieren Sie die Auswirkung der Einblendung an unterschiedlichen Stellen des Kauf- und Entscheidungsprozesses.

## 4.9.5 Service und Hotlines

Mit sehr hoher Wahrscheinlichkeit werden Sie es nicht schaffen, alle Bedenken oder Einwände der Nutzer zu zerstreuen. Egal wie viele Antworten Sie geben, wie deutlich Sie Garantien, Rückgabemöglichkeiten und Details zu Sicherheiten hervorheben, es wird irgendeine Frage im Kopf des Kunden offen bleiben. Das deutliche Einblenden

---

40  *http://de.wikipedia.org/wiki/Garantie*

von Kontaktmöglichkeiten, Kundenservices und Hotlines ist daher ein zentraler Bestandteil bei der Entkräftung von Bedenken der Kunden. Diese Elemente schaffen zu Beginn des Besuchs ein starkes Gefühl von Vertrauenswürdigkeit (siehe Ebene „Vertrauen"), sie entfalten ihre eigentliche Wirkung jedoch vor allem unmittelbar während der Kaufentscheidung. Im Idealfall nutzt ein Kunde die Hotline, den Livechat oder das Kontaktformular, um echte Bedenken zu äußern, die Sie im Laufe des Kommunikationsprozesses zerstreuen können. Nur so haben Sie die Möglichkeit, den Kauf oder die Aktion zum Abschluss zu bringen. Ohne die Kontaktmöglichkeiten wäre es ein weiterer Besucher, der niemals zum Kunden konvertiert, obwohl seine Gewinnung viel Geld gekostet hat.

**Abbildung 4.49:** Die Versandapotheke mediherz.de konnte unter anderem durch die prominente Einblendung der kostenlosen Hotline ihre Konversionsrate um rund 50 Prozent steigern

Ein häufiges Argument gegen solche Kundenservices und Hotlines sind die damit verbundenen Kosten. In vielen Fällen haben Anbieter sogar das explizite Projektziel, das Volumen auf Hotlines und Kundenservicecenter zu reduzieren. Ich halte diese Betrachtungen nicht für differenziert genug, da sie meist nicht die gesamtwirtschaftlichen Auswirkungen in Form der Konversionsraten berücksichtigen. Eine höhere Konversionsrate reduziert die Cost-per-Order oder Cost-per-Lead und ermöglicht es, den daraus erzielten Gewinn in bessere Kundenservices zu investieren. Im Beispiel der oben genannten Versandapotheke sind die erwirtschafteten Deckungsbeiträge durch die Steigerung der Konversionsrate um einen mehr als zehnfachen Faktor höher als die damit verbundenen Kosten für die Kundenhotline. Sicher sind je nach Produkt, Angebot oder Konversionsziel nicht immer Hotlines nötig. So argumentieren viele Shopbetreiber, Amazon biete schließlich auch keine kostenlose Kundenhotline an. Darauf lässt sich erwidern, dass Amazon den größten Umsatz auch nicht mit erklärungsbedürftigen Produkten erwirtschaftet und eine andere Marktstrategie verfolgt. Aus strategischer Sicht beweisen im Gegensatz zu Amazon Anbieter wie zappos.com, wie stark sich Kundenservices und in diesem Fall eine 24/7-Hotline auf den Markterfolg auswirken können.

**Abbildung 4.50:** 24/7-Hotline bei zappos.com

**Meine konkreten Tipps für mehr Konversion durch Kundenservice:**

– Testen Sie den ROI einer Kundenhotline, bevor Sie argumentieren, es koste zu viel. Durch A/B-Testing können Sie die betriebswirtschaftlichen Effekte auf der Nutzenseite den Kosten gegenüberstellen und erhalten so eine sinnvolle Entscheidungsgrundlage.

– Nutzer bewerten in kürzester Zeit die Qualität von Kundenservices anhand unterschiedlicher Parameter. So hat sich gezeigt, dass die Vorwahl der Hotline starke Auswirkung auf die Glaubwürdigkeit hat. Eine kostenpflichtige Callcenternummer wirkt weniger kompetent als eine „normale" Ortsvorwahl. Testen Sie die Auswirkungen auf die Konversionsrate, falls möglich.

– Demonstrieren Sie, dass der Kundenservice Ihnen wichtig ist. Testen Sie Aussagen und Claims, die diesen Standpunkt unterstreichen. Sowohl zappos.com als auch mediherz.de haben solche Aussagen sehr prominent auf der Website.

– Testen Sie die Auswirkungen interaktiver Supportmöglichkeiten wie Livechats, Twitter oder E-Mail.

– Machen Sie gute Leistungen im Kundenservice transparent. Die Tatsache, dass Facebook-Seiten auch als Kundenservicekanal genutzt werden, bietet nicht nur Risiken. Im Fall guter Leistungen und schneller Reaktionen liegt darin sogar die Chance, gute Servicequalität zu demonstrieren.

## 4.10 Komfort

Zum Komfort stellen sich die Nutzer einer Website beziehungsweise eines Onlineshops folgende Primärfragen:

■ Wie kompliziert und aufwändig wird das hier werden?

■ Kostet es mich unnötig viel Energie?

■ Werde ich die Aktion überhaupt erfolgreich meistern können?

Das menschliche Gehirn ist eine Aufwandsvermeidungsmaschine. Es hat, wie bereits erwähnt, den höchsten Energieverbrauch im Körper. Daher ist es nachvollziehbar, dass es versucht, jeden nur erdenklichen Aufwand zu vermeiden. Das wissenschaftliche Bild des Gehirns als leistungsfähiger Rechencomputer ist wahrscheinlich veraltet. Auch hier konnten Neurowissenschaftler beweisen, dass die große graue Masse in unserem Kopf eine eher emotional gesteuerte Schätzmaschine ist, und es viel Kraft und Aufwand braucht, alle Leistungsreserven zu mobilisieren, um wirklich komplexe Rechenaufgaben zu vollziehen. Gerade deshalb beeindruckt es uns so sehr, wenn Rechen- und Gedächtniskünstler im Fernsehen uns die Bewältigung extrem schwieriger Aufgaben demonstrieren. Im wahren Leben beobachten wir jedoch, dass Menschen stets versuchen, den einfachsten Weg zu gehen. Daher ist es auch nicht verwunderlich, dass bei der Bewältigung von Aufgaben im Internet, egal ob es um den Checkoutprozess eines Onlineshops oder das Ausfüllen eines Versicherungsantrags geht, Onlinenutzer stets versuchen abzuschätzen, wie aufwändig diese Aufgabe für sie sein wird. Sie werden dem Anbieter den Vorzug geben, der ihnen von Anfang an das Gefühl vermittelt, dass die Aufgabe bei ihm wenig Zeit, Energie und kognitiven Einsatz erfordert. Auch hier spielen die emotionalen Bewertungsmechanismen des Gehirns eine große Rolle. Meist geht es nicht darum zu wissen, wie viel Aufwand eine Sache wirklich macht, sondern eher darum, ein Gefühl dafür zu bekommen, dass es wenig Aufwand macht. Das gute Gefühl „sieht einfach aus" ist also viel wichtiger als die Frage, wie viel Aufwand es im Endeffekt wirklich macht.

Das erklärt Testresultate aus A/B-Tests, die auf den ersten Blick unlogisch erscheinen. Bei dem Test wurden unterschiedliche Varianten einer Landing Page gegeneinander getestet. Version A zeigte direkt ein kleines Adresseingabeformular, Version B zeigte kein Formular, dafür musste man erst auf einen Button klicken. Obwohl der zusätzliche Klick mehr Aufwand ist, war Variante B die Siegerversion. Die Nutzer sind an dieser Stelle bereit, zu bestellen, sie haben die Vorentscheidung nun getroffen. Die wenigen Gefahren, die die Kaufmotivation jetzt noch zerstören können, lauern im Bereich Komplexität und Komfort. Nutzer stellen sich die Frage „Was muss ich jetzt alles ausfüllen?" oder „Kann ich per Rechnung kaufen?".

Es geht um Aufwand, um eine Art Kosten-Nutzern-Verhältnis. Menschen sind grundsätzlich bequem und setzen ihre Ressourcen gezielt ein: Die Fähigkeit, mit möglichst geringem Aufwand ein Ziel zu erreichen, dient eigentlich dem Überleben einer Spezies. Ein möglichst optimaler Energiehaushalt ist in schwierigen Situationen ein Überlebensfaktor. Unser Gehirn hat gelernt, Aufwand zu vermeiden und in der Regel genießen wir auch in jeder anderen Hinsicht die Annehmlichkeiten des Komforts. Fehlender Komfort ist unter Umständen erträglich, aber nicht angenehm.

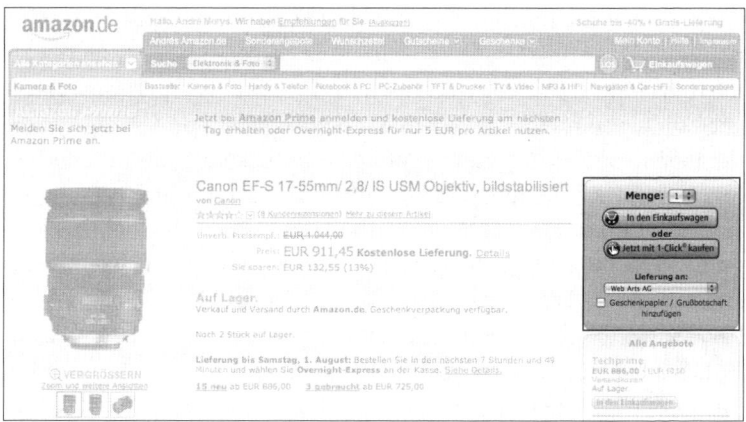

**Abbildung 4.51:** Die 1-Click-Bestellung unterstützt die Faulheit: zum direkten Kauf des Produkts reicht ein einziger Klick, die vielen Schritte des Checkouts können übersprungen werden

Jeder Aufwand reduziert die Kaufmotivation des Kunden. Kunden fragen sich „Wie ist meine Kreditkartennummer?" oder denken „Blöd, ohne Packstation muss ich wieder extra zur Post und den Kram abholen". Die Kunden fragen sich auch „Warum wollen die meinen Geburtstag wissen?" oder „Oh nein, das Passwort muss eine Zahl enthalten. Mein Standardpasswort hat aber keine Zahl, das muss ich mir wieder aufschreiben".

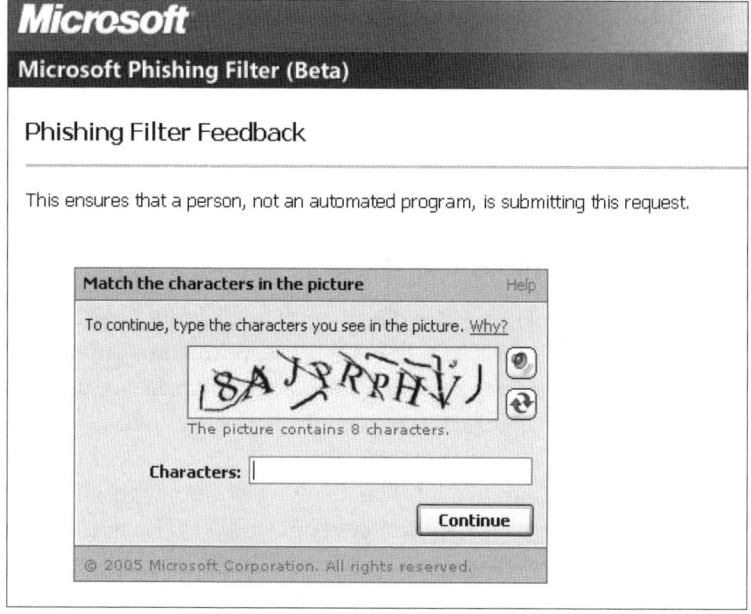

**Abbildung 4.52:** Ein Captcha auf microsoft.com soll sicherstellen, dass das Formular von einem Menschen ausgefüllt wird, das erfordert einen sehr hohen kognitiven Aufwand

Vor allem im Bereich der Registrierungsprozesse warten viele Fallen des kognitiven Aufwands auf den potenziellen Kunden. Captchas, Passwörter und Sicherheitsfragen sind in dieser Situation der größte Feind der Konversionsrate. Komfort ist nicht auf funktionale Aspekte beschränkt. Wer an Komfort denkt, der denkt meist an Usability und funktionale Barrieren direkt im Shop, die aus dem Weg geräumt werden müssen. Im erweiterten Kontext zählen unnötige kognitive Belastungen dazu. Komfort geht jedoch über das direkte Erlebnis im Onlineshop hinaus. Nutzer antizipieren die Folgen des Kaufs und streben nach einem positiven Kosten-Nutzen-Verhältnis. Unabschätzbare oder aufwändige Lieferbedingungen, Payment-Fragen, Zahlungsfolgen, vor allem im B2B-Bereich, sind signifikante Konversionskiller. Ein typisches Beispiel aus meiner Beobachtung von Probanden im Nutzertest war die fehlende direkte Bestellbarkeit von nötigem Zubehör. Es musste erst über einige weitere Klicks gesucht und dem Warenkorb manuell hinzugefügt werden. Fehlender Komfort hat an dieser Stelle zum Abbruch geführt, das wäre im Usability Lab unter Umständen nicht aufgefallen.

## 4.10.1 Don't make me Think

Die gute Nachricht ist, es gelten die guten alten Usability-Heuristiken, die es seit nunmehr fast 25 Jahren gibt. Die Vermeidung unnötiger Komplexität ist eines der primären Ziele der Gebrauchstauglichkeit. Die Definition nach ISO 9241-11[41] schreibt vor, dass Systeme dem Nutzer eine möglichst effiziente Handhabung bei der Zielerreichung ermöglichen sollen. Eine effiziente Handhabung ist dann gegeben, wenn das Ziel mit möglichst wenig Aufwand erreichbar ist. Dazu zählt die Zeit ebenso wie die eingesetzte kognitive Energie. So appelliert bereits Steve Krug in seinem 2000 erschienenen Buch „Don't Make Me Think[42]" daran, dass Nutzer stets den Weg des geringsten Widerstands gehen und ihren mentalen Modellen folgen. Das mentale Modell ist die innere, subjektive Abbildung eines Prozesses im Kopf des Nutzers. Es ist die Vorstellung, wie ein Prozess ablaufen wird, nicht das tatsächliche Wissen darüber, was wirklich passieren wird.

Die erst beste Option, die als passend erkannt wird, werden die Besucher Ihrer Website oder Ihres Shops anklicken und versuchen ihr Ziel dort zu erreichen. Ein zentraler Aspekt zur Reduktion des kognitiven

---

41 *http://de.wikipedia.org/wiki/EN_ISO_9241*
42 Steve Krug: Don't Make Me Think! A Common Sense Approach to Web Usability, ISBN-10: 0789723107

Aufwands ist es daher, diesem mentalen Modell zu folgen. Bei der Optimierung von Websites und Systemen, die den Nutzern helfen sollen, eine bestimmte Aufgabe (zum Beispiel das Bestellen eines Produkts) zu bewältigen, ist es daher wichtig, die subjektive Vorstellung der Nutzer zu kennen, wie dieser Prozess ablaufen wird. Es ist wichtig, das mentale Modell der Nutzer zu kennen, um exakt diesem Modell in den Onlineprozessen folgen zu können. Die Abbruchquoten, die sich im Funnel von Schritt zu Schritt zeigen, sind in gewisser Weise die Reibungsverluste, die zwischen den unterschiedlichen Realitäten zwischen Anbieter und Nutzer entstehen. Je weniger Reibungsverluste, desto weniger Abbrüche wird der Prozess haben.

In den letzten 20 Jahren wurden bereits sehr viele und sehr gute Bücher über Usability geschrieben. Ich werde daher nicht detaillierter darauf eingehen, wie man eine gute Gebrauchstauglichkeit eines Systems erreichen kann. Wir wissen inzwischen, dass die Benutzbarkeit ein Hygienefaktor für eine hohe Konversionsrate ist. Schlechte Bedienbarkeit durch eine komplizierte und ineffiziente Bedienung sind schwerwiegende Conversion-Killer. Wir wissen jedoch anhand der aktuellen Forschung auch, wie stark die Wirkung der Marke, Ästhetik und soziale Mechanismen Defizite in der Gebrauchstauglichkeit kompensieren können. „Apple könnte den Bestellknopf für seine Produkte verstecken, die Leute würden trotzdem danach suchen", so oder so ähnlich könnte man die Wechselwirkung zwischen Usability und Marke/Design treffend bezeichnen. Ohne eine entsprechend starke Marke und ähnlich gute Produkte möchte ich dringend davon abraten, den Bestellknopf zu verstecken.

Aufwändige Prozesse und schlechte Bedienbarkeit sind auch heute noch wichtige Barrieren im Bestellprozess für Websites. Analysieren Sie Ihre Website beziehungsweise die Funktionalitäten daher regelmäßig mithilfe von Nutzertests, um unnötige Konversionsbarrieren zu identifizieren.

**Meine Tipps für mehr Konversion durch weniger kognitiven Aufwand:**

– Vermeiden Sie unnötig komplexe Prozesse. Arbeiten Sie konsequent an der Vereinfachung von Prozessen, Abläufen und Funktionen.

– Kennen Sie das mentale Modell der Nutzer auf Ihrer Seite oder Ihres Onlineshops. Erfahren Sie mehr über die Realität der Nutzer, indem Sie regelmäßig Nutzertests durchführen.

– Führen Sie die Nutzer durch den Prozess. Lassen Sie die Nutzer wissen, was wirklich wichtig ist, und überlassen Sie dem Nutzer Entscheidungen nur dort, wo es wirklich nötig ist.

– Überprüfen Sie die Gebrauchstauglichkeit Ihrer Seite, der Funktionen und Bestellprozesse anhand der gültigen Usability-Heuristiken[1] und beseitigen Sie funktionale Barrieren.

---

1    *http://www.useit.com/papers/heuristic/*

## 4.10.2  Gefühl der Einfachheit: Layoutdesign

Manche Dinge sind in Wirklichkeit viel zu kompliziert, um rational entschieden zu werden. Ich habe das zum Beispiel in Situationen beobachtet, in denen sich Nutzer für eine Risikolebensversicherung, die es von mehreren Anbietern gab, entscheiden sollten. Alle Anbieter hatten vergleichbare Produkte. Mehr oder weniger vergleichbar. Die größte Schwierigkeit für potenzielle Kunden bestand darin, die aus Marketinggründen vom Anbieter gewählten Alleinstellungsmerkmale miteinander zu vergleichen. Es zeigt sich in der Praxis, dass es schwierig sein wird, nicht vergleichbare Dinge miteinander zu vergleichen. Am Ende haben sich die Nutzer für den Anbieter entschieden, dessen Produkt am „einfachsten" wirkte. Es war in Wirklichkeit

entwickler.press

gar nicht das Produkt selbst, das einfach wirkte. Finanzprodukte sind auf der Website nicht wirklich sichtbar, sie werden beschrieben. In Wirklichkeit war es die Website, die „einfach" wirkte. Der Anbieter hatte wahrscheinlich viel Zeit und Aufwand investiert, um diese Wirkung bei den Nutzern zu erreichen. In Wirklichkeit war das Produkt nicht besser als die anderen. Es war auch nicht einfacher. Nicht einmal die Onlineanmeldung oder die Berechnung des persönlichen Beitrags waren wirklich einfacher. Es war ausschließlich die subjektive Wirkung der Einfachheit, hervorgerufen durch sehr gut und ästhetisch gestaltete Formulare, viel Weißraum und eine gute und eindeutige Nutzerführung.

Zu viele Informationen können abschreckend sein. Das Gefühl der leichten Bedienbarkeit ist stärker und wichtiger als die Einfachheit der Bedienung selbst. Wir wissen, wie schwierig es ist, bestehende Vorurteile zu widerlegen. Manchmal ist es leichter, neue Vorurteile zu schaffen. Ganz ähnlich verhält es sich mit der einfach wirkenden Website. Es ist ein Vorurteil im Kopf des Nutzers, das sich im Laufe des Besuchs und auch darüber hinaus hartnäckig halten wird. Selbst wenn Probleme auftauchen oder die Komplexität steigt, wird der Nutzer das anfängliche Gefühl der Simplizität behalten. Vor allem in Checkoutprozessen, Anfrageformularen und Antragsstrecken konnte ich diesen Effekt immer wieder beobachten. In Nutzertests geben die Teilnehmer stets dem Anbieter den Vorzug, dessen Formulare einfach bedienbar wirkten.

In einem der erfolgreichsten A/B-Tests (die Implementierung hatte nur wenige Stunden gedauert) haben wir unnötige Elemente in einem Warenkorblayout entfernt und die Gestaltung insgesamt kompakter gemacht. Der Uplift im Checkoutprozess betrug über 20 Prozent, was einer Steigerung der Konversionsrate um insgesamt rund 20 Prozent entsprach. Die Arbeit für diesen Test betrug nur wenige Stunden, der Ertrag für den Kunden war im siebenstelligen Bereich. Tests wie dieser zeigen, wie wichtig es ist, die richtigen Testhypothesen zu generieren und die Auswirkungen auf die Konversionsrate zu testen.

**Meine konkreten Tipps für mehr Konversion durch gefühlte Simplizität:**

– Vereinfachen Sie Layout und Gestaltung an den Stellen, an denen Sie vom Nutzer Eingaben fordern oder Funktionalitäten sichtbar werden, radikal.

– Arbeiten Sie mit viel Weißraum und leichten, hellen Farben und Formen. Alles, was massiv und schwer wirkt, impliziert auch Komplexität und Schwierigkeiten in der Bedienung.

– Strukturieren Sie die Elemente und führen Sie Nutzer konsequent durch den Prozess, indem Sie klar machen, was wirklich wichtig ist und was nicht.

– Entfernen Sie unnötige Dinge und testen Sie die Auswirkung auf die Konversionsrate. Manche Elemente zählen in bestimmten Situationen nicht. Nutzen Sie A/B-Testing, um herauszufinden, welche Elemente und Informationen Ihre Kunden wirklich brauchen.

## 4.11  Bewertung

Die Primärfragen der Nutzer Ihrer Website beziehungsweise Ihres Onlineshops zur Bewertung sind folgende:

- Entsprach das meinen Vorstellungen?

- War meine persönliche Bilanz, so wie erwartet?

- Hätte das jetzt wirklich sein müssen?

Wie oft haben Sie sich selbst schon diese Fragen gestellt? Es ist ein fester Bestandteil unseres permanenten inneren Dialogs, dass wir unsere Handlungen bewerten, und oft sind wir dabei nicht wirklich fair zu uns selbst. Dabei hängt von der Bewertung dieser Handlung ab, ob wir sie auch in Zukunft wieder ausführen werden.

entwickler.press

Wenn wir an Kundenbindung und Customer Lifetime Value denken wird schnell klar, warum die Antwort auf diese Frage über die Konversionsrate hinaus eine extrem hohe betriebswirtschaftliche Relevanz hat. Gerade im E-Commerce werden die Deckungsbeiträge oft erst beim zweiten oder dritten Kauf erwirtschaftet.

Ein besonderes Phänomen dabei kennen wir alle: Ein stressiger Tag, viele Dinge waren nicht so, wie wir sie uns vorgestellt haben. Die Belastung war hoch, wir sind am Abend müde und gestresst. Auf die Frage „Wie bewerten wir diesen Tag?" antworten wir mit „Oh jeh, das war anstrengend.". Die Internet-Post-Mortem-Analyse im Kopf führt dazu, dass wir nicht den Erfolg einer Sache bewerten, sondern die Frage, wie leicht der Weg zum Ziel war. Dieser Effekt führt dazu, dass Menschen Handlungen vermeiden werden, von denen sie ihrer Erfahrung glauben, dass sie ähnlich beschwerlich sein werden. Menschen interessiert also nicht unmittelbar das Ergebnis oder das Resultat, sondern die Effizienz, mit der sie eine Aufgabe abschließen konnten. In Wirklichkeit sollten wir doch Antworten „Es war verdammt hart, aber ich habe es geschafft".

Der Psychologe Mihaly Csikszentmihalyi hat bereits in den siebziger Jahren herausgefunden, dass der Grad der erlebten Über- beziehungsweise Unterforderung gemeinsam mit dem gefühlten Erfolg einer Aufgaben dafür verantwortlich ist, wie gerne und wie lange Menschen sie ausführen[43]. Im Idealzustand, vor allem bei spielerischen Tätigkeiten, kommen wir in einen besonderen psychologischen Zustand: den Flow. Im Flow vergessen wir Zeit und Raum und stöbern durch die Regale eines Onlineshops, lassen uns durch die Empfehlungen anderer Kunden leiten und packen den Warenkorb voll. Wenn wir also nicht einfach „nur" in der Kennzahl „Conversion Rate", sondern auch in den Größenordnungen Kundenbindung, Wiederholungskaufrate oder Kundenausschöpfung denken, dann ist die Frage, wie Nutzer ihr Er-

---

43  *http://www.flowmessung.de/*

lebnis bewerten und welchen Grad an Forderung wir ihnen zugemutet haben, ein enorm wichtiger betriebswirtschaftliche Faktor. Dabei ist zu beachten, dass diese Bewertung sowohl für jeden einzelnen kleinen Teilschritt als auch für das große Ganze stattfindet. Onlinenutzer bewerten ihr Verhalten permanent, von Klick zu Klick, von Eingabe zu Suchergebnis, in Sekundenabständen. Aber auch wenn Kunden einen Kauf abgeschlossen haben, werden sie sich fragen „War das jetzt wirklich eine gute Idee?". Spätestens wenn das Päckchen angekommen ist, wird ihr Kunde bewerten, ob er mit dem Gesamtergebnis zufrieden ist oder nicht. Daher ist es sehr wichtig, und das ist ein Ergebnis aus der Flow-Forschung, permanent positives Feedback für Handlungen zu geben. Nicht nur wenn es um die Komplettierung des Checkouts geht, freuen sich Kunden über ein kleines positives Feedback in Form eines kleinen grünen Häkchens. Auch wenn Sie das Päckchen öffnen und eine kleine unerwartete Aufmerksamkeit statt der Rechnung sehen, freuen sie sich und ändern die Bewertung.

**Meine Tipps für mehr Konversion durch eine positive Bewertung:**

- Kennen Sie die Erwartungen Ihrer Kunden. Arbeiten Sie mit Kundenbefragungen, um die Wünsche und Realitäten der Kunden kennen zu lernen. Bedenken Sie, dass sich Erwartungshaltungen im Laufe der Zeit verändern und fragen Sie daher die Faktoren regelmäßig ab.
- Versuchen Sie stets, die Erwartungen der Kunden zu übertreffen. Wenn Sie ankündigen, dass die Lieferung in zwei bis drei Tagen beim Kunden ist, versuchen Sie alles daran zu setzen, dass das Päckchen bereits nach einem Tag an der Haustür des Kunden abgeliefert wird.
- Positives Feedback holen: Das Einholen von gutem Feedback ist nicht nur im Interesse Ihrer eigenen Statistik, sondern es festigt den positiven Eindruck beim Kunden. Motivieren Sie Kunden nach Erhalt der Lieferung dazu, ein positives Feedback zu hinterlassen.
- Achten Sie darauf, dass Sie Ihre Kunden nie über- oder unterfordern. Im Idealzustand der Forderung entsteht das Gefühl des Flow. Dieser Zustand ist ein Resultat permanenter positiver Bewertung. Denken Sie daran, wie gute Produktvorschläge bei Amazon-Kunden zum Stöbern animieren und in einen Zustand des Flow versetzen.
- Denken Sie an Kleinigkeiten bei der Auslieferung: Legen Sie lieber ein kleines Schreiben mit einem Smiley oben in das Paket, auf dem „Vielen Dank für Ihre Bestellung, wir haben uns sehr gefreut!" steht, anstatt dass die Rechnung als Erstes in den Blick des Kunden gerät.
- Geben Sie Nutzern permanent positives Feedback in Prozessen, Checkouts oder Anmeldeformularen. Wiederholen Sie den Nutzen, um die Entscheidung des Nutzers weiter im Prozess zu unterstützen.

# 5 Das Modell im Conversion-Prozess

## 5.1 Erfolgsfaktoren der Conversion-Optimierung

Sie kennen nun die Erfolgsfaktoren im praktischen Einsatz. Der nachhaltige wirtschaftliche Erfolg Ihrer Website oder Ihres Onlineshops entscheidet sich jedoch daran, wie gut, wie schnell, wie oft sie das Modell nutzen, um möglichst effektive Optimierungen durchzuführen. Die Frage lautet daher: Wie wende ich das Sieben-Ebenen-Modell an? Conversion-Optimierung findet in der Schnittmenge zwischen Nutzer-/Kundenorientierung, betriebswirtschaftlichen Faktoren/Kennzahlen und Technologie statt.

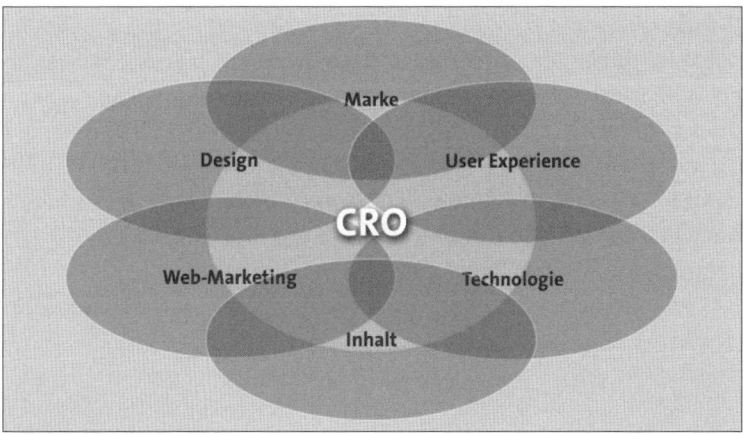

**Abbildung 5.1:** CRO als Metadisziplin

Das Sieben-Ebenen-Modell dient dabei als Schablone, um mögliche Schwachstellen erkennen und beheben zu können. Das Modell soll dabei helfen, objektive Kriterien bei der Analyse von Websites, Onlineshops oder Lead-Generierungs-Seiten zu schaffen. Der eigentliche Prozess der Optimierung setzt voraus, dass die Schwachstellen durch eine sichere Methode zielsicher erkannt werden. In den darauf folgenden Schritten werden Lösungen abgeleitet, die die identifizierten Schwachstellen beheben. Im besten Fall (genügend Traffic vorausgesetzt) lassen sich unterschiedliche Lösungsvorschläge mithilfe von A/B oder multivariaten Tests in Bezug auf ihre Wirksamkeit prüfen und der ROI einer möglichen Verbesserung ermitteln.

Auch wenn die hier dargestellten Faktoren und Mechanismen die Grundlage der Optimierung bilden, findet die eigentliche Verbesserung in dem Moment statt, in dem die Optimierung getestet, bewertet und ausgerollt wird. Die Kunst der Conversion-Optimierung besteht darin, die richtigen Schwachstellen und die dazu passenden Optimierungsansätze zu finden. Das heißt diejenigen Schwachstellen werden bevorzugt optimiert, die die größten Optimierungsmöglichkeiten bieten, das liefert bei wenig Optimierungsaufwand den größten Effekt.

Darüber, wie man A/B- und multivariate Tests einrichtet, die richtige Software findet oder die Ergebnisse auswertet, wurden bereits genügend Bücher und Blogposts geschrieben. Daher möchte ich in diesem Buch nicht weiter darauf eingehen, sondern verweise im Anhang auf die entsprechende Literatur. Der Markt der Tools ist zudem so dynamisch, dass die Informationen bereits veraltet sind, wenn dieses Buch im Druck ist. Eine hilfreiche Quelle als Marktübersicht für Tools befindet sich auf whichmvt.com. Ich möchte jedoch auf die Erfolgsfaktoren eingehen, die einen guten Optimierungsprozess insgesamt ausmachen.

Angesichts sinkender Wachstumsraten und steigender PPC-Kosten wird die Geschwindigkeit und Effektivität von Optimierungsprozessen zum strategischen Überlebensfaktor im E-Commerce werden. Conversion-Optimierung als Prozess muss nicht neu erfunden werden. Ein Blick in die Literatur des Qualitätsmanagements zeigt uns, dass es bereits gut funktionierende und vor allem erprobte Vorgehensweisen gibt. Die Sichtweise auf Websites oder Portale als wertschöpfenden Prozess ist die Grundlage für die Annahme, dass Conversion-Optimierung in Wirklichkeit Prozessoptimierung ist.

## 5.2 Der Conversion-Prozess im Unternehmen

Als Vorlage für CRO-Prozesse dient daher der erprobte Optimierungsprozess aus der Qualitätsmanagementphilosophie von Six Sigma. Der so genannte DMAIC (sprich Di-Maik) zeigt, welche Schritte zur Optimierung nötig sind:

D = Define: Definiere das Problem

M = Measure: Messe den Ist-Zustand

A = Analyze: Analysiere die Ursachen

I = Improve: Finde eine optimale Lösung

C = Control: Kontrolliere den Erfolg der Lösung

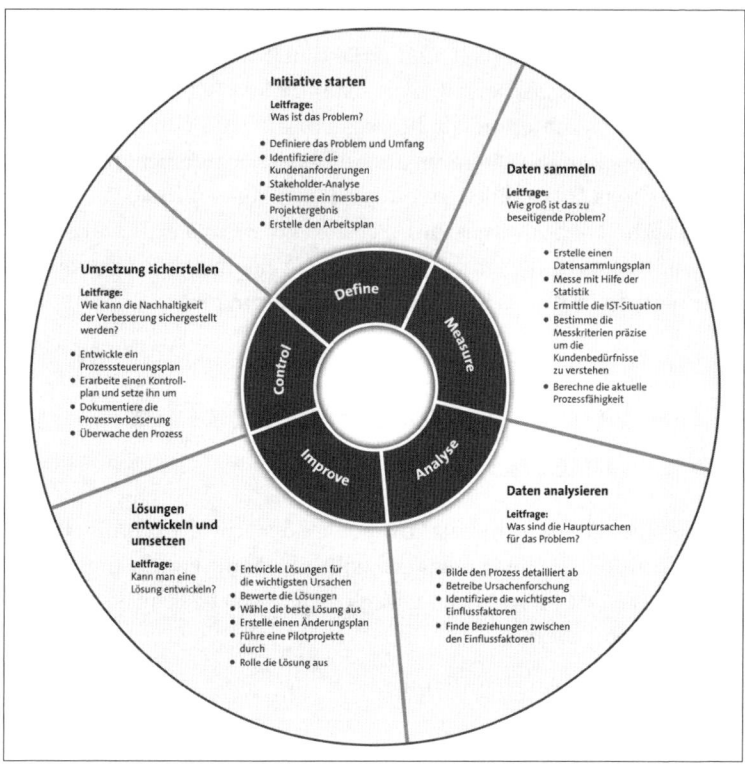

**Abbildung 5.2:** DMAIC-Prozess zur Prozessoptimierung (nach Prof. Dr. M. Schmieder)

Das Hauptproblem der Conversion-Optimierung: Wir definieren zwar schnell ein Problem und können es als Zahl erfassen, doch meistens fehlt es an validen Erklärungen für die Ursachen. Die Analyse des Problems im Sinne einer Beziehung von Ursache und Wirkung kommt oft zu kurz. So werden meist Zahlen interpretiert und Hypothesen rein auf Basis der Daten formuliert. Dementsprechend wenig belastbar sind die entwickelten Lösungen. In den meisten Unternehmen funktioniert im letzten Schritt die Kontrolle der Ergebnisse, zum Beispiel durch A/B-Tests.

Der Schwerpunkt dieses Buchs liegt im Bereich der Analyse von Schwachstellen und im Identifizieren der richtigen Ursachen für zu wenig Conversion sowie im Anbieten wirksamerer Methoden zur Optimierung. Im Folgenden möchte ich kurz auf die Potenziale und Herausforderungen aller fünf Schritte im CRO-Prozess eingehen.

## D = Define: Definiere das Problem

Die Aufgabe ist eigentlich denkbar einfach. Schließlich sollte man an der Stelle mit der Optimierung beginnen, die im Sinne der höchsten Abbruchzahlen auch das größte Optimierungspotenzial aufweist. Die Aufgabenstellung fängt jedoch ein wenig früher an. Das übergeordnete Ziel des Erreichens einer fest definierten Conversion-Rate ist in den aller seltensten Fällen in Unternehmen als Ziel verankert. Oft sind es Einzelkämpfer aus bestimmten Abteilungen, die sich dem Thema der Conversion-Optimierung annehmen und damit zu kämpfen haben, der dauerhaften Optimierung zu einem organisationsweiten Buy-in zu verhelfen. Wenn das geschieht, werden oft „nur" sehr verhaltene Ziele für die Optimierung gesetzt. Ein Blick auf die Verteilung von Konversionsraten deutscher Onlineshops zeigt uns jedoch, wie groß die Bandbreite und damit die Potenziale der Optimierung sind:

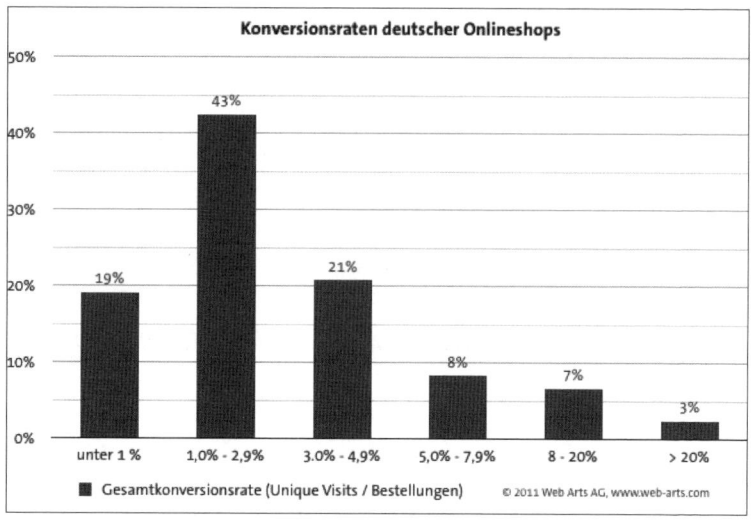

**Abbildung 5.3:** Konversionsraten deutscher Onlineshops

Vor allem Shopbetreiber mit niedrigen Konversionsraten sehen die Größenordnung, in der sie sich befinden, als normal an. Sie setzen sich meist sehr niedrige Optimierungsziele im Bereich von + 20 bis + 30 Prozent, dabei wäre für viele bei der richtigen Vorgehensweise noch viel mehr drin. Das Setzen eines zu kleinen Ziels verschenkt bereits enorme Potenziale. Doch zurück zur Vorgehensweise im Conversion-Prozess: Das Erkennen der Schwachstellen und ihrer Potenziale erfordert das Betrachten der gesamten Customer Journey eines Kunden vom ersten Blickkontakt mit dem Werbemittel bis zum Ende des Kundenlebenszyklus. Oft verstecken sich große Conversion-Potenziale in Bereichen, die normalerweise übersehen werden, da sie sich nicht nur auf der Website und dem per Webanalyse messbaren Bereich befinden. Empfehlenswert ist die Betrachtung von Abbruchraten in diesem gesamten Prozess (abteilungsübergreifend) und vor allem die Umrechnung von Visits in Euro. Dazu sind kundenwertorientierte Betrachtungen nötig, die uns verraten, wie viel ein Besucher auf der

Website oder im Onlineshop wert sein kann, wenn er eine bestimmte Aktion (Kauf, Formular, Registrierung) tätigt.

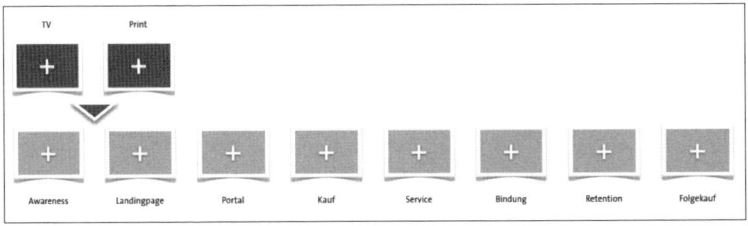

**Abbildung 5.4:** 360°-Conversion-Potenziale - Jeder Schritt im Kundenlebenszyklus ist eine Konversion

Damit wird klar, dass „D" im Sinne von „Definiere das Problem und die richtige Kennzahl" bereits Hand in Hand mit dem nächsten Schritt geht.

## M= Messe den Ist-Zustand

Webanalysesysteme erfassen Daten über die Nutzung einer Website. Streng genommen sind es daher keine Webanalyse-, sondern Webmesssysteme. Die gewonnenen Daten dienen zur Lokalisierung und zur Beschreibung eines Optimierungspotenzials. Ohne eine Interpretation lassen sie jedoch selten Rückschlüsse auf die Ursache des Problems zu. Der Spekulationsspielraum und die subjektive Sichtweise der Person, die die Daten interpretiert, ergeben einen viel zu breiten Interpretationsspielraum und sind oft von den Erfahrungen und Annahmen der entsprechenden Person eingefärbt. Daher ist eines der wichtigeren Herausforderungen in der Conversion-Optimierung, diese quantitativen Methoden mit validen Erkenntnissen über die Ursachen anzureichern.

## A = Analysiere die Ursachen

Für die meisten Website- und Shopbetreiber ist die Analyse der Ursachen eines der schwierigsten und umfangreichsten Themengebiete überhaupt. Ein schwer überschaubares Feld aus unzähligen qualitativen und quantifizierenden Methoden ergibt für viele einen unüberschaubaren Werkzeugkasten, der profundes Wissen und Erfahrungen erfordert, um die richtigen Tools auswählen zu können. Daher ist es kaum verwunderlich, dass sich die meisten Verantwortlichen mit wenig effektiven Methoden zufrieden geben. So ist zum Beispiel die Befragung per Onlinefragebogen einer der am weitesten Verbreiteten Erhebungsmethoden, obgleich sie mit zahlreichen Schwierigkeiten verbunden ist. So wird in derlei Befragungen oft vergessen, dass nur bestimmte Nutzertypen überhaupt auf die Befragung reagieren. Es wird darüber hinaus übersehen, dass die meisten Menschen sozial erwünscht antworten, das heißt sie nennen die an der Oberfläche liegenden Meinungen, anstatt die tief liegenden Aspekte ihrer Wahrnehmung und Entscheidung zu offenbaren.

Viele Faktoren lassen sich daher über solche Methoden gar nicht abbilden. Das ist einer der Gründe, warum sich dieses Buch auf das Thema der Analyse und der Ursachen konzentriert und Designern, Entwicklern und E-Commerce-Managern schnell einen Überblick darüber versucht zu geben, welche Faktoren und Mechanismen zu schlechten Konversionsraten führen können und die außerhalb dessen liegen, was bisher analysiert wurde. Schließlich sind die Lösungen, die zur Optimierung gefunden werden können, nur so gut und effektiv, wie die Annahmen waren, auf deren Basis die Lösung entwickelt wurde.

Nutzen Sie die sieben Ebenen, die in diesem Buch beschrieben werden wie eine Checkliste und überprüfen Sie, welche Unterschiede und Möglichkeiten sich zur Optimierung ergeben. Analysieren Sie Seite für Seite und Ebene für Ebene mithilfe der konkreten Tipps in der jeweiligen Ebene.

Priorisieren Sie die identifizierten Potenziale danach, wie stark die Abweichung und wie hoch die Abbruchquote auf dieser Seite gemessen an den Abbrüchen insgesamt ist. Verliert Ihre Startseite mehr als 40 Prozent der Besucher? Dann ist dies eine Seite, bei der Sie mit der Optimierung eher ansetzen sollten als an jener Stelle, an der nur 20 Prozent der Besucher abspringen. Bedenken Sie aber, dass je näher Sie an der eigentlichen Konversion sind (zum Beispiel bei einem Onlineshop der Checkout und der Abschluss der Bestellung), desto effektiver ist Ihre Optimierung. Arbeiten Sie sich in der Prioritätenliste also von hinten nach vorne auf den Seiten mit den absolut höchsten Abbruchquoten nach vorne.

## I = Improve: Finde eine Lösung zur Optimierung

Bislang beschäftigen sich Disziplinen wie Screendesign, Informationsarchitektur und Copywriting damit, optimale Websites und Onlineshops zu kreieren. Ihre Arbeit stützen die Experten mit bestem Wissen und Gewissen auf ihre Erfahrungen, das bisher Gelernte und die bekannten Lösungsansätze. Dabei kann das bestehende Wissen sinnvoll mit Informationen über das Verhalten von Nutzern angereichert werden. Das Wissen über das Verhalten ist wichtig für eine effektive Steuerung des Verhaltens, um die Abbruchquoten einer Website zu reduzieren, und darum geht es am Ende. Ziel ist es also, durch das richtige Wissen über Nutzer und ihr Verhalten noch bessere Designs, Informationsarchitekturen und Texte zu entwickeln, die letztlich zu messbar höheren Konversionsraten führen. Die Validierung dieser Verbesserung erfolgt im letzten Schritt: bei der Kontrolle.

## C= Control: Messe die Verbesserung

Im letzten Schritt des Conversion-Prozesses wird die tatsächliche Wirksamkeit der Verbesserung in Form einer messbaren Kennzahl überprüft. Mittlerweile ist klar, dass zur Vermeidung sämtlicher äußerer Einflussfaktoren nur die Methode des A/B-Testings dazu geeignet ist. Unterschiedliche Varianten einer Lösung werden dabei gegenüber der Originalversion gleichzeitig ausgespielt. Unterschiedliche Besucher erhalten per Zufall eine der Varianten angezeigt. Am Ende wird nach signifikanten Unterschieden in den Kennzahlen gesucht, die eine

Verbesserung belegen können. Über das Testing als Methode wurden bereits einige Bücher geschrieben, sodass ich daher nur am Rande darauf eingehen werde. Einer der bislang jedoch vernachlässigten Erfolgsfaktoren ist der des Lernens der Organisation aus den Testresultaten. Am Ende, wenn die Ergebnisse vorliegen und ein Optimierungskreislauf abgeschlossen wurde, geht es darum, aus dem Prozess zu lernen und die Erkenntnisse zu verarbeiten. Das Wissen, das darüber gesammelt wird, ist zu sammeln und es ist zu überprüfen, welchen Effekt es hätte, das Wissen auch in anderen Bereichen anzuwenden. Ich habe schon oft genug erlebt, dass Testresultate aus der Website durchaus auch in anderen Medien oder Kanälen anwendbar waren. Manche Unternehmen haben sogar ihr Verpackungsdesign auf Basis von CRO-Erkenntnissen angepasst und optimiert. Die Effizienz, mit der Veränderungen im Web messbar sind, ist schließlich ein enormer Vorteil gegenüber anderen Medien und kann die Art, wie Marketing bisher gedacht und gelebt wird, radikal verändern.

## 5.3 Herausforderungen im Conversion-Alltag

Die Herausforderungen im Unternehmen zur Bewältigung dieses Ablaufs liegen darin, die Mittel zur Durchführung und die Zusammenarbeit der beteiligten Abteilungen und Teams zu bekommen. Laut einer Studie von eConsultancy und Tealeaf[1] unter mehr als 500 Unternehmen geben die E-Commerce-Verantwortlichen derzeit 92 US-Dollar aus, um Traffic auf die Seite zu bekommen und nur einen US-Dollar, um diesen Traffic besser zu konvertieren. Conversion-Optimierung steckt daher noch in den Kinderschuhen, und die erste Herausforderung (für jeden, der nicht als GF oder Inhaber über die Budgets und Strategien entscheidet) ist es, das nötige Budget zur Durchführung

---

1   http://econsultancy.com/uk/blog/7657-92-1-marketings-dirty-little-statistic-5

permanenter Optimierungen zu bekommen. Zum Glück lässt sich dieser Buy-in durch saubere ROI-Argumentation im Rahmen von ersten Verbesserungen und Projekten logisch belegen. Da die Wachstumsraten im E-Commerce je nach Branche und Investitionsgut mehr oder weniger langsam sinken, bemerken viele Unternehmen die Notwendigkeit der Veränderungen nur recht langsam. Auf den Schultern derjenigen, die sich für CRO und Testing begeistern können, lastet die Aufgabe, diese Veränderungen zu initiieren und die dafür nötigen Mittel freizulegen.

Wesentlich schwieriger als die Argumentation für den Ressourcen- und Budgetbedarf ist da oftmals die Organisationsstruktur der Unternehmen. Conversion-Optimierung ist eine Metadisziplin, die verschiedene Disziplinen und Denkweisen in einer nutzer- und zielorientierten Vorgehensweise verbindet. Doch gerade diese Verbindung ist nicht in jedem Unternehmen von Natur aus gegeben, im Gegenteil. So passiert es, dass eine zu große Organisationsstruktur die Geschwindigkeit, die für Optimierungen nötig wäre, sogar behindert. Die Sichtweise unterschiedlicher Teams aufeinander ist nicht immer rein von den sinnvollen unternehmerischen Zielen geprägt. Im schlimmsten Fall verhindern Zwistigkeiten die dringend benötigte Zusammenarbeit.

Die erprobte Vorgehensweise aus einer etablierten Qualitätsmanagementphilosophie wie Six Sigma zeigt die nötigen Schnittstellen sehr deutlich und fördert die Akzeptanz der Vorgehensweise unter den Beteiligten im Unternehmen. Klarheit über den Prozess und die Verantwortlichkeiten ist eine wichtige Grundlage für den Erfolg eines dauerhaften Conversion-Prozesses. Das tolle am Prozess ist die abschließende Quantifizierung der Ergebnisse im A/B-Test. Jeder kennt die Momente, in denen man sich absolut sicher war, die Siegervariante eines A/B-Tests zu kennen, und musste dann doch erleben, dass man komplett daneben lag. Der spielerische Umgang mit Hypothesen, Lösungsvarianten und den finalen Resultaten aus dem A/B-Test lehrt nicht nur Respekt vor den echten Nutzern und ihren Entscheidungen, es klärt auch über die Zusammenhänge auf und ist lehrreich für alle. Jeder Test und jedes Ergebnis wird so zu einem Aha-Erlebnis. Mir haben sogar Unternehmen berichtet, dass sie ähnlich zu Fußballwetten ein eigenes internes Wettsystem haben, bei denen um Punkte oder kleine Einsätze gespielt wird. So macht Conversion-Optimierung allen Spaß.

# Fazit

Conversion-Optimierung ist die Kunst, die richtigen Dinge richtig zu ändern, um mehr Ertrag zu erzielen. Die Fähigkeit guter Conversion-Optimierer besteht darin, zielstrebig die richtigen Schwachstellen zu erkennen und die passenden Lösungen dafür zu entwickeln.

Conversion-Optimierer kennen die Zahlen und Daten, sie verstehen aber auch die Notwendigkeit, das Warum zu verstehen. Conversion-Optimierung braucht eine große Empathie für die Nutzer und ein Verständnis für die Gründe ihres Abbruchs. Konversion ist das Produkt der Motivation von Nutzern. Conversion-Optimierer wissen, welche Faktoren die Nutzermotivation beeinflussen. Dieses Buch zeigt diese Faktoren. Es beschreibt, welche Aspekte im zeitlichen Verlauf einer Kaufentscheidung relevant für die Konversionsrate sind. Die einzelnen Ebenen des Sieben-Ebenen-Modells sind das Raster für eine zuverlässige, zielsichere und valide Identifikation von Schwachstellen. Die sieben Ebenen sind die Grundlage für Optimierungen. Conversion-Optimierer arbeiten methodisch und analysieren die Effektivität der gebildeten Hypothesen durch A/B-Tests. Dieses Buch vertieft nicht die Details zu Testing-Tools und Testmethoden, die Technologie ist viel zu schnell, als dass das Geschriebene nach dem Druck noch Gültigkeit hätte. Die richtigen Tools finden Conversion-Optimierer auf einer speziellen Website von Bryan Eisenberg, die stets einen umfangreichen Überblick über hunderte von Tools liefert:

**Abbildung 1:** Websitetestingtools.com zeigt hunderte Tools, die Conversion-Optimierern bei der täglichen Arbeit helfen, viele davon sind kostenlos

Nutzen Sie dieses Buch, um die richtigen Schwachstellen zu finden. Nutzen Sie die Tipps, um unterschiedliche Lösungen und ihre Auswirkungen auf den Deckungsbeitrag Ihrer Website oder Ihres Onlineshops zu testen. Die passenden Tools dazu finden Sie auf der oben genannten Website.

Conversion Optimierung ist Teamwork. Der DMAIC Prozess aus Kapitel 5 zeigt, dass nur durch das Ineinandergreifen der unterschiedlichen Disziplinen ein effizienter und effektiver Prozess entsteht. Uplifts entstehen dort, wo Suchmaschinenmarketing, Web-Analyse, Strategie, Konzept, Design, User Experience, Content und Technologie optimal zusammenspielen. Jede Disziplin ist ein wichtiger Baustein ohne den das gewünschte Ziel nicht erreicht werden. Conversion Optimierer arbeiten interdisziplinär – ihr Denken, Handeln und Planen ist wie der Kitt zwischen den Bausteinen, der am Ende alles zusammen hält.

Conversion Optimierer, die diese Zusammenhänge verstehen, haben eine große Chance in Ihren Unternehmen viel zu erreichen. Sie sind auf dem besten Weg, den ROI der Online-Wertschöpfung zu verändern wenn sie verstehen, wie die Zusammenhänge im Unternehmen zwischen den Abteilungen und unterschiedlichen Denkweisen sind. Nur in der Akzeptanz der unterschiedlichen Stärken und Fähigkeiten liegt die Chance der Verbesserung – niemals in der Ausgrenzung und Teilung. Conversion Optimierer verbinden die Fähigkeiten, Teams und Abteilungen und vereinen ihre gemeinsame Kraft und dem Mantel der Konversion.

Ich wünsche maximale Konversionskraft und viel Erfolg bei der Conversion-Optimierung!

# Danksagung

Ich habe mindestens drei Mal angefangen, dieses Buch zu schreiben. Jeweils nach etwa 70 Seiten habe ich feststellen müssen, dass das bereits Geschriebene dringend überarbeitet werden muss. Wir leben in einer Zeit extrem schneller Veränderungen, und es hat lange gedauert, bis ich die richtige Struktur und die richtigen Ideen zusammengetragen hatte, um dieses Buch endlich fertig zu stellen.

Ohne die Hilfe der Menschen, die mich jeden Tag bei der Arbeit inspirieren, wäre das nicht möglich gewesen – am Ende ist dieses Buch „nur" eine Ansammlung von Wissen und Erfahrungen, die ich im Laufe der Zeit vielen Freunden, Kollegen und Wegbegleitern zu verdanken habe. Daher möchte ich allen danken, die mich in den letzten 15 Jahren inspiriert haben und meine Vorstellung davon, was wirklich in den Köpfen von Nutzern vor sich geht, während sie auf Websites durch die Gegend klicken, geprägt haben. Die Reihenfolge der Nennung soll keine Rolle spielen, daher versuche ich die Inspirationsquellen chronologisch zu sortieren.

Als Erstes möchte ich meiner Frau Jenny danken – nicht nur für die Toleranz und Rücksicht, während ich stundenlang an diesem Buch schrieb, sondern auch für die allerersten Inspirationen während des gemeinsamen Lernens für das Vordiplom der Psychologie. Auch wenn es die sieben intellektuellen Primärfaktoren von Thurstone nicht in das Buch geschafft haben, sind die unendlich vielen Bausteine aus der Psychologie hängen geblieben. Ohne dieses Wissen und diese Inspiration wäre ich niemals auf die Zusammenhänge zwischen Onlinemarketing, Konsumpsychologie und Conversion-Optimierung gekommen. Ohne deinen Input gäbe es heute kein MotivationLab und keine Conversion-Optimierung.

Ebenso prägend für mich waren die ersten Gehversuche im Bereich der Usability. Im Jahr 2000 saßen wir in einer Arbeitsgruppe gemeinsam bei Web Arts und trugen die Nielsen-Heuristiken und die Erkenntnisse aus Steve Krugs Klassiker „Don't Make Me Think!" zusammen, übersetzten und konsolidierten die Ergebnisse und bildeten uns unsere eigene Meinung zum Thema Usability. Vielen Dank an Torsten Hubert, der in den letzten 10 Jahren in – manchmal zum Glück kontroversen Diskussionen – wertvolle Anregungen und Denkanstöße gab. Ohne ihn gäbe es wahrscheinlich heute nicht konversionsKRAFT.de und damit auch nicht dieses Buch.

Der gedankliche Durchbruch zum Thema Conversion-Optimierung kam im Jahr 2003 bei der gemeinsamen Arbeit an einem Projekt der Technischen Hochschule mit Matthias Henrici. Auch wenn wir damals zwei unterschiedliche Modelle zum Thema Motivationsbarrieren entwickelten, sind viele Ideen und Gedanken zum Thema Motivation, Kommunikations- und Neuromarketing ein Produkt inspirierender Gespräche mit Matthias. Vielen Dank, Matthias für die viele Inspiration!

Ebenso bedanken möchte ich mich bei allen Kollegen, die meist ihre private Zeit investieren, um auf konversionsKRAFT.de tolle Artikel zu schreiben – auch darin steckt eine wichtige Inspirationsquelle. Danke an Susanne, Manuel R., Manuel B., Marcel, Ronald und Thorsten! Und: Tausend Dank an Thomas für die unzähligen Grafiken und Visualisierungen!

Zu guter Letzt möchte ich mich bei allen Lesern von konversionsKRAFT.de bedanken für über 2 000 Kommentare von Lesern, tausenden RSS-Abonnenten und Facebook-Fans. Das Feedback ist eine der wichtigsten Motivatoren und trägt die Ideen immer weiter – ohne dieses Feedback gäbe es dieses Buch auch nicht. Vielen Dank an euch alle!

# Quellen- und Literaturverzeichnis

## Blogs und Onlineressourcen

- ClickTale-Blog: *http://blog.clicktale.com*
- ClickZ Experts: *http://www.clickz.com/*
- Closed-Loop-Marketing-Blog: *http://www.closed-loop-marketing.com/blog*
- Conversion Doktor: *http://www.conversiondoktor.de/*
- Conversion Rate Experts: *http://www.conversion-rate-experts.com/blog/*
- Conversion Scientist: *http://conversionscientist.com*
- Convesionista!: *http://www.conversionista.com/*
- Copyblogger: *http://www.copyblogger.com*
- Distinct UX: *http://tstiles.com/blog/*
- Econsultancy-Blog: *http://econsultancy.com/blog*
- Experiencing Information: *http://experiencinginformation.wordpress.com/*
- EyeView's Blog: *http://blog.eyeviewdigital.com/*
- FineSites: *http://www.fine-sites.de*
- Flowtown: *http://www.flowtown.com/blog*
- FutureNow: *http://www.grcbeta.com/*

- Get-Elastic-Ecommerce-Blog: *http://www.getelastic.com*

- I am a Landing Page Designer: *http://www.iamalandingpagedesigner.com/my-blog/*

- I love split testing: *http://visualwebsiteoptimizer.com/split-testing-blog*

- Karl Kratz, Onlinemarketingblog: *http://www.karlkratz.de/online-marketing-blog/*

- Managing Experience: *http://www.managingexperience.com*

- Neuromarketing: *http://www.neurosciencemarketing.com/blog*

- Neuroscience meets Marketing: *http://neuromarket.wordpress.com*

- Optimize It!: *http://www.vertster.com/blog*

- Palmer Web Marketing: *http://www.palmerwebmarketing.com/blog*

- Post-Click-Marketing-Blog: *http://www.ioninteractive.com/post-click-marketing-blog/*

- PsyBlog: *http://www.spring.org.uk*

- Shopbetreiber-Blog: *http://www.shopbetreiber-blog.de/*

- The-Invesp-Blog: *http://www.invesp.com/blog*

- The UX Booth: *http://www.uxbooth.com*

- Touchpoint Insights: *http://blog.mcorpconsulting.com*

- Unbounce: *http://unbounce.com/blog/*

- UX Magazine: *http://www.uxmag.com/*

- uxzentrisch – User-Experience-Blog: *http://uxzentrisch.de*

- VKI-Studios-Blog: *http://blog.vkistudios.com/index.cfm*

- What Makes Them Click?: *http://www.whatmakesthemclick.net*

- Widerfunnel: *http://www.widerfunnel.com/blog*

entwickler.press

## Literatur

- Anderson, Chris: Free – Kostenlos: Geschäftsmodelle für die Herausforderungen des Internets, Campus Verlag, Auflage 1, 2009, ISBN-10: 3593390884

- Ariely, Dan: Predictably Irrational: The Hidden Forces that Shape Our Decisions, 2009, Harpercollins, ISBN 978-0007256532

- Bosworth, Michael T.: Solution Selling: Creating Buyers in Difficult Selling Markets, 1994, Mcgraw-Hill Professional, ISBN 0786303158

- Burns, John J.;Anderson, Daniel R.: Attentional inertia and recognition memory in adult television viewing. In: Communication Research 20, 6/1993, S. 777-799

- Cialdini, Robert B.: Influence: The Psychology of Persuasion, Harper Paperbacks, 2006, ISBN-10: 006124189X

- Cialdini, Robert B.: Influence: The Psychology of Persuasion, ISBN 0-688-12816-5

- Fogg, B. J.: Persuasive Technology: Using Computers to Change What We Think and Do, Morgan Kaufmann, 2002, ISBN 1558606432

- Garrett, Jesse James: The Elements of User Experience: User-Centered Design for the Web and Beyond, New Riders, Revised Edition, 2010, ISBN-10: 0321683684

- Häusel, Hans-Georg: Neuromarketing – Erkenntnisse der Hirnforschung für Markenführung, Werbung und Verkauf, Haufe-Verlag, 2007, ISBN 978-3448080568

- König, Peter: Hirnforschung meets Webdesign, Vortrag auf dem Neuromarketing Kongress Mai 2011, München

- Kroeber-Riel, Werner; Weinberg, Peter; Gröppel-Klein, Andrea: Konsumentenverhalten, Auflage 9, Vahlen, 2008, ISBN 978-3-8006-3557-3

- Krug, Steve: Don't Make Me Think! A Common Sense Approach to Web Usability, ISBN-10: 0789723107

- Krug, Steve: Web Usability – Rocket Surgery Made Easy, Addison Wesley, 2010, ISBN 3827329744

- Milgram, Stanley: Das Milgram-Experiment. Zur Gehorsamsbereitschaft gegenüber Autorität, Auflage 14, Rowohlt, Reinbek 1997, ISBN 3-499-17479-0

- Mulder, Steven; Yaar, Ziv: The User Is Always Right: A Practical Guide to Creating and Using Personas for the Web, Auflage 1, New Riders Publ., 2006, ISBN 0321434536

- Nelson, Thomas: Call to Action: Secret Formulas to Improve Online Results, ISBN-10: 078521965X

- Packard, Vance: Die geheimen Verführer, 1958, ISBN 3-548-34032-6

- Porter, Michael E.: Competitive Strategy: Techniques for analyzing industries and competitors, The Free Press, New York, 1980, ISBN 0-684-84148-7

- Pruitt, John; Adlin, Tamara: The Persona Lifecycle: A Field Guide for Interaction Designers. Keeping People in Mind Throughout Product Design, Morgan Kaufmann Series in Interactive Technologies, 2005, ISBN 978-0-12-566251-2

- Raab, Gerhard; Gernsheimer, Oliver; Schindler, Maik: Neuromarketing: Grundlagen – Erkenntnisse – Anwendungen, Gabler Verlag 2009, ISBN 3834918318

- Reese, Frank: Website-Testing: Conversion Optimierung für Landing Pages und Online-Angebote, Auflage 1, Businessvillage, 2009, ISBN 3938358580

- Reeves, Rosser: Reality in Advertising, Knopf, New York, 1961, ISBN 978-0-394-44228-0

- Reiss, Steven: Who Am I? The 16 Basic Desires That Motivate Our Actions and Define Our Personalities, New York, 2000

- Schwartz, Barry: The Paradox of Choice: Why More Is Less, Ecco, 2003, ISBN-10: 0060005688

- Summers, Michael; Summers, Kathryn: Creating Websites That Work, Cengage Learning, 2004, ISBN-10: 0618226052

- Thielsch, Meinald T. (2008): Ästhetik von Websites: Wahrnehmung von Ästhetik und deren Beziehung zu Inhalt, Usability und Persönlichkeitsmerkmalen, MV Wissenschaft, ISBN 978-3-86582-660-2

- Information Processing & Management (2008) Volume: 44, Issue 1, Publisher: Pergamon Press, Inc., Pages: 386-399, ISSN: 03064573